Jardinería en camas elevadas

La jardinería de patio: Guía para un huerto ecológico y la mejor manera de cultivar hierbas, árboles frutales y flores en camas elevadas

© Copyright 2021

Todos los derechos reservados. Ninguna parte de este libro puede ser reproducida de ninguna forma sin el permiso escrito del autor. Los revisores pueden citar breves pasajes en las reseñas.

Descargo de responsabilidad: Ninguna parte de esta publicación puede ser reproducida o transmitida de ninguna forma o por ningún medio, mecánico o electrónico, incluyendo fotocopias o grabaciones, o por ningún sistema de almacenamiento y recuperación de información, o transmitida por correo electrónico sin permiso escrito del editor.

Si bien se ha hecho todo lo posible por verificar la información proporcionada en esta publicación, ni el autor ni el editor asumen responsabilidad alguna por los errores, omisiones o interpretaciones contrarias al tema aquí tratado.

Este libro es solo para fines de entretenimiento. Las opiniones expresadas son únicamente las del autor y no deben tomarse como instrucciones u órdenes de expertos. El lector es responsable de sus propias acciones.

La adhesión a todas las leyes y regulaciones aplicables, incluyendo las leyes internacionales, federales, estatales y locales que rigen la concesión de licencias profesionales, las prácticas comerciales, la publicidad y todos los demás aspectos de la realización de negocios en los EE. UU., Canadá, Reino Unido o cualquier otra jurisdicción es responsabilidad exclusiva del comprador o del lector.

Ni el autor ni el editor asumen responsabilidad alguna en nombre del comprador o lector de estos materiales. Cualquier desaire percibido de cualquier individuo u organización es puramente involuntario.

Índice

INTRODUCCIÓN 1
CAPÍTULO UNO: ¿QUÉ ES LA JARDINERÍA EN CAMA ELEVADA? 4
    DEFINICIÓN 4
    DISEÑOS PARA LA JARDINERÍA DE CAMA ELEVADA 5
    BENEFICIOS DE LA JARDINERÍA DE CAMA ELEVADA 6
    EL TAMAÑO IDEAL PARA UNA CAMA ELEVADA 7
    LAS VARIANTES DE LOS JARDINES EN CAMAS ELEVADAS 8
    CAMAS ELEVADAS PREFABRICADAS 9
    KITS DE HÁGALO USTED MISMO 10
    CAMA DE JARDÍN ELEVADA CON OJO DE CERRADURA 12
    JARDINES DE CAMAS ELEVADAS TEJIDAS 14
    CAMAS ELEVADAS DE PALÉS RECICLADOS 15
    MATERIALES RECICLADOS 16
    JARDINES DE AZOTEA 17
    CAMAS DE JARDÍN DE TEJADO VERDE 18
CAPÍTULO DOS: PROS Y CONTRAS DE LA JARDINERÍA DE CAMA ELEVADA 19
    LOS PROS DE LA JARDINERÍA EN CAMAS ELEVADAS 19
    LOS CONTRAS DE LA JARDINERÍA DE CAMA ELEVADA 24

CAPÍTULO TRES: SELECCIÓN DE MATERIALES Y ESTILOS PARA LAS CAMAS ELEVADAS **28**
   Materiales que deben evitarse en los jardines de camas elevadas ... 28
   El mejor material para la construcción de camas elevadas 30
   Conservantes de maderas orgánicos 32

CAPÍTULO CUATRO: CREACIÓN DE UN PLAN DE DISTRIBUCIÓN PARA SU ESPACIO **37**
   Factores que hay que tener en cuenta a la hora de situar la cama elevada 42

CAPÍTULO CINCO: LA CONSTRUCCIÓN DE LAS CAMAS DE JARDÍN **46**
   Pasos sencillos para construir una cama elevada de madera 46
   Pasos sencillos para construir una cama elevada de ladrillo 47
   Pasos para construir un camino de ladrillos en espiga 48
   Tipos de caminos de jardín 49
   Errores comunes a evitar en la jardinería de camas elevadas 51

CAPÍTULO SEIS: ELECCIÓN DE LOS CULTIVOS (Y CONSEJOS PARA LA JARDINERÍA ECOLÓGICA) **57**
   La relación entre el clima y las verduras 59
   Consejos para la jardinería ecológica 60

CAPÍTULO SIETE: HORTALIZAS PARA LAS CAMAS ELEVADAS **65**
   Cómo seleccionar los cultivos para su jardín en camas elevadas 66
   Hortalizas fáciles de plantar en su jardín de camas elevadas 69

CAPÍTULO OCHO: LOS MEJORES ÁRBOLES PARA LAS CAMAS ELEVADAS **75**
   Árboles pequeños para su cama elevada 75

CAPÍTULO NUEVE: JARDÍN DE HIERBAS EN CAMA ELEVADA **83**
   Dónde plantar hierbas 84
   Dónde conseguir hierbas para plantar 85
   Cultivo de hierbas a partir de semillas 85
   Cultivo de hierbas a partir de la división 85
   Cultivo de hierbas a partir de esquejes 86
   Cultivo de hierbas en macetas y jardineras 87

Increíbles hierbas en camas elevadas 88

Cómo secar hierbas 93

CAPÍTULO DIEZ: CULTIVO DE FLORES EN CAMAS ELEVADAS 95

Glosario rápido 97

Las 20 mejores flores para las camas elevadas 97

CAPÍTULO ONCE: PREPARAR LAS CAMAS PARA EL PRÓXIMO AÑO 102

La importancia de la previsión 107

Preparación de una nueva cama elevada 107

CAPÍTULO DOCE: LA IMPORTANCIA DE REGISTRAR SU PROGRESO 110

Cómo empezar el diario del jardín 111

Cómo hacer fotos para el diario 112

Cómo utilizar el diario del jardín 113

Sugerencias específicas de seguimiento 113

CONCLUSIÓN 115

VEA MÁS LIBROS ESCRITOS POR DION ROSSER 117

Introducción

La jardinería de cama elevada no es un nuevo método para cultivar plantas, la gente ha estado cosechando sus beneficios durante siglos. Una de las primeras referencias registradas sobre este método de jardinería fue en el Liber de cultura hortorum, de Walahfrid Strabo, un benedictino alemán que alababa los jardines con poemas escritos en hexámetros latinos, también llamado el pequeño jardín u hortulus.

Aunque se trata de un antiguo concepto de horticultura, la jardinería en cama elevada se ha vuelto repentinamente popular de nuevo, especialmente en las regiones urbanas superpobladas con espacio de jardinería limitado. Es la solución perfecta si quiere cultivar su propia comida o simplemente tener un jardín decorativo. Son flexibles y pueden ser construidos en y para espacios diminutos, incluyendo áreas pavimentadas y de concreto. Si el jardín actual no tiene suelo, puede ser complementado con cualquier suelo de su preferencia.

Este libro es una guía completa con capítulos fáciles de seguir, comienza con lo básico, lo que lo llevará a través del concepto de la jardinería en cama elevada, las ventajas de dedicarse a la práctica, y todo lo que necesita saber antes de empezar. Leyendo más adelante, se le educará sobre los materiales y herramientas del oficio, especialmente los materiales con los que puede construir sus camas elevadas.

También aconseja sobre la preparación y construcción de su jardín, incluyendo el posicionamiento para maximizar la luz solar, lo cual, como descubrirá muy pronto, es especialmente importante. Si el jardín se construirá en bolsas de escarcha o en la sombra, este libro es su guía para obtener sugerencias de plantas adecuadas. También se le proporcionarán consejos para ayudarle a diseñar el estilo de su jardín, para crear texturas y emocionantes combinaciones de colores. A medida que lea más, descubrirá varias formas de identificar y manejar enfermedades y plagas de plantas comunes.

Después de interiorizar lo básico, veremos los diferentes jardines de camas elevadas que puede construir, incluyendo todo, desde la compra de productos ya construidos hasta hacer su propia cama desde cero con el uso de materiales reciclados.

También aprenderá sobre las opciones de jardín en cama elevada menos populares, como la cama de jardín con ojo de cerradura, que es un ejemplo de cama elevada sostenible que se encuentra principalmente en África. Presenta un montón de compost universal y está construido con cualquier material libre que rodee el área, como rocas excavadas de suelos pobres. Otro tipo de cama elevada menos popular es el hügelkultur, que se origina en el norte de Europa. Consiste en construir camas sobre troncos de árboles en descomposición y madera, que se descomponen lentamente para producir nutrientes y mejorar el suelo. Una de las características más atractivas de la jardinería en camas elevadas es que todo, desde la adecuada construcción hasta la plantación, puede hacerlo uno mismo.

Este libro es rico en sugerencias de lo que puede crear o construir desde la comodidad de su casa y en la privacidad de su propio espacio. Descubrirá una variedad de esquemas de plantación para elegir según sus circunstancias y preferencias personales. Estas variedades van desde mini-huertos a parcelas de hortalizas e incluso jardines japoneses. También hay opciones para las personas que no tienen un jardín real, como espacio de techo verde y jardineras.

Espero que este libro le inspire para profundizar en el mundo del cultivo de plantas en camas elevadas. Ya sea que tenga un pequeño patio, un gran jardín amurallado o un jardín comunitario, este método de jardinería mejorará y realzará su espacio exterior de manera orgánica y estética. Una vez que empiece, la facilidad de la jardinería le asegurará que nunca vuelva al pasado.

Capítulo uno: ¿Qué es la jardinería en cama elevada?

La jardinería puede ser difícil de realizar, especialmente si usted está luchando con una discapacidad física, tiene problemas de movilidad, o simplemente prefiere disfrutar de sus últimos años de vida sin tener dolores en las piernas y la espalda. Inclinarse constantemente hacia adelante puede hacer que la jardinería sea difícil para algunas personas, y aquí es donde entran en escena las camas elevadas, con un montón de otras ventajas.

Definición

La jardinería en cama elevada es un método de cultivo que proporciona áreas de cultivo en terreno rocoso y eleva el jardín a un nivel más cómodo para el jardinero. Este método de jardinería puede ayudar a reducir al mínimo los ataques de insectos o plagas y protege a las plantas de las inundaciones excesivas cuando llueve mucho. Funciona además, para mantener el suelo caliente a principios de la primavera.

Piense en la cama elevada como un gran contenedor sobre el suelo y sin base. Es una estructura simple, elegante y que puede ser construida para satisfacer sus preferencias decorativas. Es un lindo complemento a cualquier espacio a pesar de ser un área funcional para el cultivo de vegetales y todo tipo de plantas ornamentales, con un sorprendente grado de efectividad.

Las camas elevadas se proveen con suelo de calidad, de preferencia teniendo en cuenta todas las variables que son determinantes como lo es la elección de las plantas. Aquí, usted tiene el control completo de todas las condiciones requeridas para las variedades individuales.

Diseños para la jardinería de cama elevada

La jardinería de cama elevada puede construirse en una variedad de formas, tamaños y diseños. Puede elegir un tipo portátil o uno fijo, el que puede ser construido permanentemente en su jardín o en el espacio de su elección. Pueden ser construidos con plástico, láminas de hierro galvanizado, madera o piedra de ladrillo reciclada. También es posible construir una cama elevada de bricolaje con materiales de desecho fácilmente disponibles en casa y a la altura deseada para lograr tanto la novedad del diseño como la conveniencia.

Si normalmente está muy ocupado o no tiene el espacio necesario para practicar la jardinería, las camas elevadas son su mejor alternativa. Puede construirse para que encaje en el espacio que tenga disponible y sea lo suficientemente productiva para darle satisfacción y orgullo en sus habilidades de jardinería. Se espera una cosecha abundante incluso en el primer intento. Si es un jardinero de cocina, una cama elevada será su arma secreta.

Beneficios de la jardinería de cama elevada

1. El suelo mejora instantáneamente: ¿Lucha contra el suelo arcilloso u otras condiciones de suelo indeseables? En lugar de desperdiciar muchas temporadas de cultivo tratando de arreglar su suelo, puede simplemente crear un entorno de cultivo casi perfecto al instante con este método de jardinería. Colocar una cama elevada en el suelo y llenarlo con tierra de alta calidad es la solución que ha estado buscando. Con un suelo accesible y suelto, mantener buenas condiciones de cultivo será pan comido.

2. Más productividad: Muchos jardineros han sido testigos de la capacidad de las camas elevadas de producir el doble de rendimiento que las camas en tierra, las plantas prosperan en un suelo rico y suelto que permite que sus raíces penetren con facilidad. También existe el beneficio de un buen drenaje y aireación. Las camas elevadas evitan la compresión del suelo y garantizan que las adiciones al suelo, ricas en nutrientes, estén en su sitio y concentradas para nutrir los cultivos. Esto favorece la plantación densa, lo que hace que haya más plantas en menos espacio que en las camas de tierra.

3. Una temporada de cultivo más larga: El suelo sobre la tierra se mantiene mejor drenado y más caliente, extendiendo así la temporada de cultivo.

4. Espacio eficiente: La mayoría de las camas elevadas tienen entre tres y cuatro pies de ancho, lo que las convierte en una gran opción para el jardinero urbano y son perfectos para espacios pequeños, lo que le permite alcanzar a todas sus plantas sin tener que estirarse demasiado o pisarlas. También le permite aprovechar al máximo todo el espacio de plantación.

5. Suministro de protección para las plantas: Sus plantas se mantienen a salvo de la molesta amenaza de los pies humanos y los animales domésticos.

6. Provisión de una barrera contra las plagas: Las camas elevadas proporcionan una fuerte defensa contra las plagas con una dieta de alimentos vegetales, como caracoles y babosas. Los laterales altos protegen contra los bichos que no excavan, y los bloqueos como una tela de ferretería se pueden mantener debajo para evitar que las plagas que excavan y comen raíces lleguen a sus plantas.

7. Menos aparición de malas hierbas: La jardinería con camas elevadas da lugar a cultivos densos, lo que deja poco espacio para el crecimiento de las malas hierbas. Muchos jardineros fortalecen esta barrera anti-hierbas colocando una tela de barrera contra la maleza debajo de la cama. Si las malas hierbas llegan a su jardín, serán fáciles de eliminar debido a la soltura del suelo.

8. Facilidad de acceso: Las camas de tierra están asociadas con agacharse mucho, lo que se elimina con las camas elevadas. Adiós a los dolores de espalda. Los costados pueden ser construidos para permitirle sentarse mientras cosecha o cuida sus cultivos.

9. Estética: Las camas elevadas también sirven como un componente arquitectónico adicional, porque pueden ser construidas para ser visualmente atractivas. También pueden crear límites, puntos focales y simetría.

El tamaño ideal para una cama elevada

Varios factores dictan el tamaño de una cama elevada, como las limitaciones de espacio, la conveniencia física y las condiciones del suelo, sin embargo, todo se reduce a dos cosas. Démosles un vistazo:

1. Largo y ancho: Al trazar las dimensiones del marco, primero hay que considerar las limitaciones del espacio del jardín, que también incluye el espacio para caminar alrededor de la cama elevada. La segunda cosa a considerar es la accesibilidad. Debe ser capaz de llegar al centro del jardín desde ambos lados sin necesidad de comprimir el suelo. Para algunas personas, esto significa restringir el ancho a no más de 4 pies. Si la accesibilidad se limita a un lado,

restringe el ancho a unos 3 pies. La longitud de su cama elevada puede ser limitada solo por la falta de materiales de construcción y espacio en el jardín.

2. Altura: La mayoría de las camas elevadas pueden tener una altura de entre 6 y 12 pulgadas o incluso 36 pulgadas. La altura depende principalmente de lo malo que sea el suelo subyacente, cuanto peor sea, más profundo debe ser la cama para aumentar la cantidad de buen suelo que se proporciona a las plantas. Además, cuanto más profundo sea el suelo, mejor será el desarrollo de las raíces. Las camas más profundas pueden contener más suelo, lo que automáticamente significa más humedad, lo que reducirá el tiempo necesario para regar las plantas.

Las variantes de los jardines en camas elevadas

Existen diferentes tipos de camas elevadas, incluyendo kits que se pueden comprar en el mercado. Estos kits pueden ser construidos completamente de plástico reciclado, cedro, madera compuesta y acero galvanizado. También hay diseños de camas elevadas que son altas, lo que le ahorrará el estrés de tener que doblarse cada vez que necesite cuidar de sus plantas.

Hay opciones de camas elevadas que duran más tiempo. Se pueden construir en pocos minutos y duran mucho. Estos tipos están hechos de madera compuesta o reciclada y generalmente tienen apariencia de cedro. Kits como estos no se astillan ni se pudren, pero si el objetivo es la permanencia, la cama elevada debe ser construida con piedra o concreto.

Los jardines de camas elevadas pueden ser construidos a diferentes alturas, la más pequeña suele ser de 6 pulgadas. Al decidir la altura perfecta para usted, recuerde que más altura es igual a más profundidad, y eso significa más suelo, lo que dará a las raíces más espacio para crecer. Por lo general, las raíces de los cultivos de jardín pueden crecer hasta unas 12 pulgadas, así que recuerde eso. Las camas más profundas también retienen más humedad durante más tiempo que las camas poco profundas, lo que significa que no tendrá que regar las plantas tan a menudo como en las camas en el suelo.

Si tiene algún problema para agacharse, se sugiere usar camas de jardín a la altura de la cintura. Solo recuerde que estas camas consumen mucho abono y tierra vegetal, y puede ser un poco caro, pero le dará la oportunidad de continuar con la jardinería sin la preocupación de necesitar medicación después.

Camas elevadas prefabricadas

Una cama elevada prefabricada es una de las cosas más fáciles de montar. Solo tiene que desembalarlo, echar tierra y empezar a cultivar. Hay diferentes diseños de camas elevadas en esta categoría, así que asegúrese de seleccionar las que tienen una altura conveniente, sean lo suficientemente grandes o pequeñas para el espacio disponible, y sean un complemento para su espacio.

- Camas elevadas de metal prefabricadas: Si quiere darle a su jardín un aspecto retro, estas camas prefabricadas de metal se ajustan a la descripción. Generalmente se crean con paneles de acero de aluzinc, con bordes de seguridad estabilizados y sujetadores de acero inoxidable. Se pueden encontrar en una variedad de formas y tamaños y son ideales para plantar flores de corte y vegetales de temporada. Complementan un balcón fuera de la puerta de la cocina o incluso el patio.

- Mesas elevadas de madera: Estas camas elevadas son perfectas si quiere aumentar la altura de sus cultivos, pero no quiere llenar toda la cama elevada con tierra. Funcionan muy bien para cultivos de temporada de corto plazo que posean raíces poco profundas como las de las ensaladas. También han demostrado ser productivas con las fresas, reduciendo el riesgo de plagas como caracoles y babosas. Son una buena adición a los patios, balcones y pequeños jardines. También vienen con una facilidad de mantenimiento y la altura más cómoda para trabajar sin forzar la espalda. Los encontrará principalmente en dimensiones como 4 por 4 pies o 2 por 4 pies, y 1 o 2 pies de profundidad. La mayoría de las mesas están construidas con un grueso forro de tela de polipropileno no tejido para ayudar a la retención de agua y asegurar la durabilidad de la madera.

- Camas elevadas con comederos: Son casi como mesas de madera elevadas, ya que ambas proporcionan una altura cómoda. También se llaman comederos y vienen en una variedad de tamaños. La única ventaja sobre las mesas de madera es la profundidad extra que proporcionan las camas elevadas. Esto significa que se pueden cultivar plantas con raíces más profundas como chirivías y zanahorias. Los bordes exteriores, menos profundos, pueden ser usados para plantar vegetales de raíces poco profundas. Se debe colocar un forro en los lados y en la base del interior para ayudar a retener el agua y proteger la madera de los daños.

La mayoría de los bebederos prefabricados tienen una garantía de tres años. Un comedero es genial para espacios pequeños como balcones o patios. Colocarla cerca de la cocina permite una fácil y rápida cosecha de hierbas y cultivos de ensalada.

Kits de hágalo usted mismo

Todo el mundo disfruta de un buen bricolaje de vez en cuando, sobre todo de los que son tan simples como las camas elevadas de auto-ensamblaje. Están construidas en una variedad de tamaños y formas para adaptarse a diferentes presupuestos, así que consideremos las opciones.

Kits de tableros de madera: Este es el tipo más popular de kits de cama elevada. Son de gran valor para su bolsillo y están construidos en muchos anchos y largos para dar un grado razonable de flexibilidad de jardín. Los tableros de madera tienen generalmente 6 pulgadas de profundidad, pero también se pueden obtener en 8 pulgadas. Tienen unos cinco niveles de altura, así que cinco tablas de madera de 6 pulgadas de profundidad garantizan una cama elevada de

2,5 pies de altura. Esta es una altura cómoda para los jardineros en silla de ruedas.

La madera utilizada suele ser de diferentes tipos según la calidad, pero normalmente se construye con madera blanda escandinava tratada con un conservante no tóxico. Viene con un espesor que va desde ¾ a 1,5 pulgadas para asegurar una estructura robusta que soporte el peso del suelo. Una tabla de madera es ideal, porque está equipada con aros y cubiertas para proteger las plantas de las plagas y las heladas.

Camas angulares de madera: Son la versión más pequeña de las camas elevadas de madera, lo que las hace perfectas para las personas con espacios reducidos. Caben en los espacios más pequeños, aumentando así el número de hortalizas que se pueden cultivar en la parte trasera del jardín. Al igual que las tablas de madera, están disponibles en una gran variedad de tamaños y alturas.

Hugelkultur: Este es un concepto hortícola del norte de Europa, y su popularidad aumenta a medida que más gente busca métodos de jardín autosuficientes, disminuyendo la necesidad de alimentación y riego constante de las plantas. Es un sistema que depende de la descomposición de la madera. Este tipo de jardín de cama elevada funciona como una esponja, reteniendo y liberando nutrientes y humedad cuando es necesario.

Hugelkultur consiste en colocar troncos, palos y ramas podridos unos encima de otros para formar pilas, y poner tierra encima de ellos para que se parezcan a pequeñas colinas. Las partes superiores y laterales se utilizan para plantar cultivos. Las colinas pueden ser construidas para ser grandes, enterrando troncos de árboles enteros y dejándolos para que se descompongan, o pequeñas, enterrando solo un manojo de palos.

Cómo construirlo

1. Retire el pasto de la ubicación deseada. Preservar el césped.

2. Cavar el suelo subyacente hasta que tenga 12 pulgadas de profundidad. Preservar el suelo, separando el subsuelo de la capa superior.

3. Colocar madera y troncos podridos y en descomposición en la fosa para formar una pila, con los más grandes formando la base.

4. Amontonar la madera hasta alcanzar la altura deseada.

5. Colocar el césped sobre la pila de troncos y cubrir con el subsuelo. Asegúrense de poner tierra entre los huecos de la madera.

6. Poner una capa de abono o de tierra vegetal en la parte superior y en los lados. Usar un rastrillo o las manos para esculpir la tierra para formar una forma de montículo. Coloque troncos en los bordes para evitar que las hierbas circundantes se arrastren hacia la cama de jardín.

Cama de jardín elevada con ojo de cerradura

La cama de jardín con ojo de cerradura tiene sus orígenes en África, pero ahora es un concepto hortícola mundial. Es una cama circular elevada con una muesca recortada para la accesibilidad y el mantenimiento. A vista de pájaro, tiene la forma de una cerradura, de ahí su nombre. Justo en el medio hay un contenedor de abono al que se puede llegar a través de la muesca. Este contenedor de abono funciona para suministrar al suelo circundante humedad y nutrientes.

Debido al tamaño compacto de la estructura, los alambres pueden crear marcos sobre la cama, que se utilizan para formar frijoles corredizos, guisantes dulces y otras plantas trepadoras. También funcionan como soporte para telas de sombra o redes durante el clima cálido.

Los muros exteriores se hacían tradicionalmente con piedras y rocas en África debido a su abundancia y capacidad de absorber el calor durante el día. Sin embargo, los ladrillos, la madera, las ollas de pintura vacías llenas de tierra y el metal corrugado se utilizan hoy en día como bloques de construcción para el muro del jardín.

Cómo construirlo

1. Despeje la ubicación elegida, incluyendo el espacio para moverse alrededor de la cama. Elimine todas las malas hierbas perennes a la vista.

2. Ponga una caña de bambú con una cuerda atada a ella en el punto medio de donde se construirá la cama elevada, ate el otro extremo de la cuerda a otra caña de bambú con 5 pies de separación. Esta guía delineará la cama elevada circular de 10 pies.

3. Haga una muesca en el círculo. Debería ser aproximadamente ⅛ del espacio total.

4. Romper cualquier compresión usando una horquilla para cavar sobre el suelo. Luego construya el muro exterior. La altura tradicional es de aproximadamente 3 pies, pero puede ser ajustada según las preferencias personales.

5. Ahora construya un contenedor de abono en el centro del jardín. Esto se construye tradicionalmente tejiendo bastones flexibles o palos juntos. El bambú y el sauce son opciones perfectas. Sin embargo, es mucho más fácil formar un tubo con una malla de alambre o malla gallinera, creando un diámetro de 2 pies y una altura de 4 pies. Manténgalo asegurado empujando cañas de bambú a través de la malla.

6. Use paja o cartón para forrar el interior de la pared externa y luego cúbrala con material húmedo biodegradable.

7. Coloque capas alternativas de materiales de desecho verdes y marrones como los restos de cocina y el cartón en el contenedor de abono. Esto asegurará que sus plantas obtengan los nutrientes y la humedad necesarios. Asegúrese de no llenarlo hasta el borde para dejar espacio para nuevos materiales.

8. Su jardín de cama elevada está listo para ser usado. Intente no regar las plantas con demasiada regularidad. Esto forzará a las raíces a profundizar en el centro del cama, haciéndolas autosuficientes.

Jardines de camas elevadas tejidas

Este diseño de cama elevada es genial para los jardines de las casas de campo y es una característica hermosa por sí misma. El uso de ramas flexibles para construir estructuras es uno de los métodos de construcción más antiguos.

Cómo construirlo

1. Despeje su ubicación preferida de los materiales no deseados, y marque la forma de la cama en el suelo con hilo, harina o arena.

2. Taladrar estacas de madera en el suelo con un mazo para indicar dónde estarán las esquinas. Las estacas de avellano también deben ser colocadas cada 20 pulgadas a lo largo de los lados. Se puede usar roble, castaño y sauce. Quémelos brevemente sobre fuego para hacerlos más duros y duraderos.

3. Ahora teja algunas ramas de sauce joven entre los postes, asegúrese de que esté bien tejido. Deténgase cuando la cama elevada esté lo suficientemente alta.

4. Forrar el interior de la pared con una lámina de plástico negro o un forro de tela hortícola para prolongar la vida de las ramas por unos pocos años.

Camas elevadas de palés reciclados

Los palés son excelentes para el reciclaje, porque la madera es durable y fuerte. Se ven un poco ásperas, pero pueden ser limadas y pintadas para que se vean funky o chic. Si es un entusiasta del bricolaje, puede usar los palés sobrantes para hacer bancos, mesas y sillas complementarias. Tenga en cuenta que esta cama elevada debe ser construida.

Cómo construirla

1. Usará cuatro palés del mismo tamaño para formar los lados de la cama. Si necesita reducir la altura de los palés, no olvide usar guantes al aserrar.

2. Se necesitarán dos o tres palés más. Quite las tablillas de ahí con una palanca.

3. Coloque los primeros cuatro palés en el suelo y atornille las tablillas sobre los huecos.

4. Ponga los cuatro palés en posición vertical y manténgalos juntos atornillando las esquinas metálicas. Debería tener una forma de caja cuando termine.

5. Para proteger los lados de la putrefacción, forre el interior con una lámina de plástico o tela paisajista.

6. Dele a los bordes un acabado atractivo uniendo listones adicionales a los bordes superiores.

7. Lime el exterior de la caja y píntelo del color que quiera, usando una capa de fondo exterior antes de pintar la madera exterior.

8. Cuando la pintura se haya secado, vierta la tierra y el abono, y estará lista para su uso.

Materiales reciclados

El tesoro de una persona puede ser la basura de otra. Puede usar casi cualquier cosa para construir una cama elevada, y la mayoría de estos materiales son muy asequibles o gratuitos, respetuosos con el medio ambiente y muy de moda. Con los materiales reciclados, puede crear looks que van desde lo más chic hasta lo más bohemio, haciendo que parezca que ha contratado a caros diseñadores de jardines para darle a su espacio un cambio de imagen. Los materiales que puede usar incluyen:

Botes de basura: Los botes de basura de metal y las viejas latas de plástico son una gran opción para la construcción de camas elevadas. Se deben hacer unos cuatro agujeros de drenaje en el fondo y llenar los botes con abono para hacer una cama de cultivo ideal.

Bañeras viejas: ¿Conoce a algún constructor local? Contáctelos por las viejas bañeras de metal o de hojalata de las casas que fueron renovadas. Simplemente llénenlas con tierra y empiecen a plantar.

Viejas carretillas: No hay necesidad de destrozar una vieja carretilla cuando puede transformarla en el jardín más productivo. Resulta una elegante mini-cama que puede ser movida fácilmente. Solo tiene que perforar unos pocos agujeros en la parte inferior para el drenaje y llenar la carretilla con abono de alta calidad.

Barcos viejos y chatarra de choches: Incluso se pueden construir camas de jardín elevadas a partir de viejos coches de desecho, por muy impactante que suene. Simplemente vierta suficiente abono en los capós o maletero, o en el interior si se trata de un descapotable. Si las ventanas y los parabrisas están bien, el interior del coche debería ser un gran invernadero.

Bolsas de construcción: Los grandes sacos de construcción, también llamados sacos a granel, son un material fantástico para la construcción de camas elevadas por muchas razones. Son muy fáciles de mover, de obtener, libres, increíblemente porosos, y son una adición estética al jardín. Los sacos a granel son los grandes sacos blancos utilizados por los constructores para transportar materiales como la grava, el abono y la tierra vegetal para sitios de construcción y casas domésticas. Puede usarlas tal cual o construir un marco de madera alrededor de ellas para darles más soporte y belleza. Simplemente colóquelos en el lugar deseado y rellénelos con tierra.

Jardines de azotea

Estos deben ser, en última instancia, camas elevadas. Son la solución perfecta para el jardinero urbano sin mucho espacio en el jardín y una adición colorida y productiva a cualquier edificio. También atraen mariposas y abejas polinizadoras y son un gran cambio de imagen para el espacio no utilizado.

Si tiene la intención de construir un jardín en la azotea al que pueda entrar, considere lo pesado que es el jardín en relación con la estructura del techo. Un ingeniero estructural debería hacer estas matemáticas para mayor precisión. También revisará las normas de construcción si desea convertir una ventana en una puerta de acceso al jardín. Si tiene la intención de hacer algún cambio estructural en el techo, y por supuesto con la jardinería propiamente tal, puede que necesite obtener un permiso de planificación, ya que puede afectar a la privacidad de los vecinos de alrededor.

Suponga que su edificio no tiene un techo plano para la jardinería en el tejado, no hay necesidad de tirar sus intereses por ello. Hay escaleras exteriores en los apartamentos que están llenos de contenedores llenos de plantas, geniales siempre y cuando no obstruyan la escalera de incendios en tiempos de emergencia. Las jardineras de ventana también son excelentes para la jardinería de camas elevadas en ausencia de un techo plano. La ventana de la cocina es una gran sugerencia para sus cajas de ventana, especialmente si tiene la intención de cultivar cosechas comestibles.

Cómo construirlo

Simplemente seleccionar contenedores estéticos que complementen el estilo actual del edificio. Una tradicional terracota o aluminio es ideal para una casa moderna.

Camas de jardín de tejado verde

Los tejados verdes se han vuelto muy populares, ya que cada vez más gente está interesada en embellecer los espacios urbanos y las ciudades. Ayudan a combatir la mala calidad del aire y la contaminación y, al igual que los jardines de azotea, son una gran manera de utilizar el espacio no utilizado. También pueden atraer a la vida silvestre relativamente inofensiva, lo que es una gran ventaja para los amantes de los animales.

Cómo construirlo

1. Lo primero que hay que hacer es conseguir que un ingeniero estructural determine si el edificio puede soportar el peso del jardín.

2. Tome las medidas de su techo y corte una lámina marina de su tamaño exacto.

3. Forre el contrachapado marino con láminas negras o revestimiento de butilo y colóquelo en el techo.

4. Ahora, los tacos de 3 pulgadas deben fijarse a los bordes exteriores del contrachapado para formar un marco de cultivo de poca profundidad.

5. Vierta ahora una mezcla de tierra de uso general, lana de roca y perlita. Esto hará que el sustrato de abono sea más ligero de lo habitual para disminuir el peso en el techo. La profundidad depende de la planta que se quiera cultivar.

6. Haga agujeros para el drenaje en el borde inferior del bastón para asegurar que la cama no se inunde. Asegúrese de tapar los desagües con lana de roca en la temporada de lluvias para evitar que el medio de cultivo sea arrastrado.

Capítulo dos: Pros y contras de la jardinería de cama elevada

Todo, por muy perfecto que parezca, tiene sus pros y sus contras, incluida la jardinería de cama elevada. Es hora de considerar las ventajas y desventajas de este método de jardinería. Comenzaremos con los pros destacables de usar camas elevadas, que incluye las ventajas que tienen sobre las camas de tierra. Varias ventajas son innegables, sin embargo, algunas otras son un poco más relativas, como el estilo y la estética. En cualquier caso, las camas elevadas son populares y estupendas para cultivar alimentos cómodamente en casa. Veamos por qué.

Los pros de la jardinería en camas elevadas

Usted tiene el control sobre la calidad de su suelo: La jardinería de cama elevada le ofrece un control total sobre la calidad, la textura y el estado del suelo. En lugar de conformarse con lo que tiene, es posible llenar su cama elevada con tierra de alta calidad que sus plantas le agradecerán. La composición y la calidad del suelo se consideran uno de los factores más importantes para el éxito de la jardinería.

El mejor suelo para la jardinería es rico en sustancias orgánicas, retiene fácilmente el agua, pero también drena bien y tiene una textura suelta que permite fácilmente el crecimiento de las raíces. Esto describe el mejor tipo de suelo para la agricultura, tierra arenosa. Un suelo sano también contiene microorganismos importantes que pueden no estar presentes en el suelo que usted tiene.

Muchos jardineros urbanos consideran que su suelo es indeseable o inadecuado para cultivar alimentos por muchas razones. Por ejemplo, el suelo puede tener una composición deficiente o un mal drenaje y necesitará mucho tiempo, atención y trabajo para enmendarlo antes de plantar. Además, el suelo puede haber sido tratado anteriormente con pesticidas o herbicidas, lo que provocó su contaminación.

Algunos suelos nativos también pueden ser extremadamente limosos. Los suelos limosos carecen de bolsas de aire que favorezcan la vida microbiana, la retención de agua y la estructura, a menos que se haga un esfuerzo suficiente para saturarlos completamente. La jardinería de camas elevadas le ofrece la posibilidad de crear el entorno de cultivo perfecto para la siembra, sin necesidad de esperar mucho tiempo ni realizar un esfuerzo agotador.

Determinar la profundidad: Las camas elevadas suelen ser lo suficientemente profundas para las plantas que necesitan un amplio espacio para sus raíces. Un sistema de raíces más profundo y más grande significa que las plantas son más sabrosas. Este beneficio, sin embargo, variará en función de la profundidad a la que quiera construir su cama y de las estructuras sobre las que las instale, si las hay.

Por lo general, en las camas elevadas se recomienda ceñirse a una profundidad mínima de un pie de altura. Las camas elevadas se bloquean con un fondo sólido o con una tela antihierbas. Se aconseja construir camas con una profundidad mínima de 18 pulgadas. Algunas plantas prosperarán en suelos no tan profundos, pero las plantas de jardín más comunes, como los pimientos, las berenjenas, la col rizada y los tomates, requerirán un suelo mucho más profundo. Las camas elevadas más profundas, también retienen mejor la humedad y están mejor protegidas de las inundaciones que las camas de tierra.

Esto no significa que las camas de tierra sean incapaces de tener un suelo profundo. Sin embargo, la composición del suelo puede ser un problema independientemente de la profundidad. Una gran profundidad del suelo sin una composición igualmente buena no creará unas condiciones de crecimiento ideales para sus plantas.

Las camas elevadas son más cómodas: Muchos jardineros suelen preferir las camas elevadas por su comodidad en comparación con los jardines de tierra, especialmente para las rodillas y la espalda. Son fácilmente accesibles para los jardineros que utilizan un andador o una silla de ruedas o que simplemente tienen problemas para agacharse o doblarse. Es posible que tenga que ponerse de rodillas a veces con algunas camas elevadas, pero eso puede hacerse con un reclinador acolchado, y estará menos encorvado. Como he mencionado antes, las camas elevadas pueden construirse a la altura que desee, por lo que agacharse o arrodillarse puede convertirse en algo del pasado.

Además, si su movilidad es limitada o sufre problemas de espalda, se recomienda construir sus camas elevadas con una anchura no superior a 3 o 4 pies y con la longitud que desee. Una cama más ancha requerirá agacharse más e inclinarse para llegar al centro. También hay camas elevadas montadas sobre patas para una mayor comodidad.

Las camas elevadas son en su mayoría, a prueba de plagas: El cultivo de plantas comestibles u ornamentales en camas elevadas garantiza una capa protectora adicional contra las plagas. La altura de la cama y el marco sirven como barreras efectivas y disuasión potencial para las plagas que se alimentan de plantas como los conejos, las babosas y los caracoles, a menos que estén decididos a comerse su jardín. En cualquier caso, no es difícil añadir cubiertas flotantes para hileras y aros para bloquearlos completamente. Esto también ha demostrado ser eficaz contra los pájaros, los gatos del vecindario, las ardillas, los zorrillos y mucho más.

Las cubiertas de red para hileras y los aros pueden mantener las plagas alejadas de las camas de tierra, pero no las que escarban en el suelo. Por este motivo, muchos jardineros consideran que las camas elevadas son un salvavidas. Las ardillas son un verdadero problema, ya que es casi imposible cultivar alimentos en camas de tierra sin que ellas los maten o se los coman. Dependiendo de cómo se construyan, las camas elevadas pueden impedir que las plagas destructivas, como topos, topillos y taltuzas, destruyan sus plantas.

El fondo de la cama elevada puede forrarse con tela metálica galvanizada para proteger los cultivos. También puede hacer cestas de tela de ferretería para los topos si tiene pensado plantar árboles frutales. Este método protege sus plantas sin necesidad de que se meta en una batalla interminable comprando trampas y venenos para hacer frente a las plagas.

También es posible construir su cama elevada lo suficientemente alta como para disuadir a las gallinas o a los perros. La malla metálica es más asequible y se utiliza más que la tela metálica para hacer cestas para las ardillas o para forrar la base de las camas. No recomiendo la malla de gallinero, porque tiende a desintegrarse con el tiempo y puede ser masticada por ciertas plagas. La tela metálica es una mejor opción para las camas elevadas en zonas donde las plagas de madriguera son un peligro.

Menos crecimiento de las malas hierbas: Las camas elevadas también tienen la ventaja de reducir la intrusión de malas hierbas, a diferencia de las camas de tierra. En primer lugar, es muy poco probable que las camas elevadas que se han llenado con tierra fresca libre de malas hierbas, crezcan, a diferencia de las camas de tierra y el suelo nativo que pueden contener semillas de malas hierbas y las propias malas hierbas.

La altura de los bordes en las camas elevadas impide que las malas hierbas se cuelen en su jardín desde los caminos circundantes. También es posible instalar una barrera antihierbas en la parte inferior para evitar que las hierbas invasoras se cuelen en las camas. Esto debe hacerse antes de añadir la tierra, o el propósito fracasará. Las barreras contra las malas hierbas pueden ser de cartón o de tela, entre otras.

Si el lugar preferido para su cama elevada tiene un poco de maleza, antes de la instalación, forre el fondo con cartón sin encerar para ayudar a matar la mayoría o todas las malas hierbas. A pesar de la eficacia del cartón, algunas situaciones requieren métodos más eficaces y duraderos. La tela de jardinería de uso comercial evitará que las malas hierbas, especialmente el pasto de cangrejo, se sientan cómodas en sus camas elevadas.

Las camas elevadas son realmente hermosas. Esto no significa que las camas de tierra no sean estéticamente atractivas, sin embargo, el interés visual adicional creado por las camas elevadas es simplemente oro. Pueden crear dimensión y una zona de cultivo bien estructurada. Se pueden organizar macetas de diferentes alturas, formas y tamaños para crear diseños de jardín atractivos y únicos. Las jardineras de madera también son hermosas incluso cuando no están cultivando nada, especialmente si están envueltas en luces de cuerda solares.

A diferencia de las camas de tierra, es relativamente fácil mantener la estética de un jardín con camas elevadas. Los bordes y las orillas evitan que la cubierta del suelo, como el mantillo de corteza o la grava, se derrame en el propio jardín.

Pueden colocarse en cualquier lugar: Las camas elevadas pueden colocarse en una gran variedad de lugares. Al igual que los contenedores y otros pozos, las camas elevadas son muy adaptables, y algunos son móviles. Las camas de tierra son fijas, por lo que están limitadas solo a su ubicación actual, y esta puede o no recibir la luz solar adecuada o estar nivelada.

Las camas elevadas pueden añadirse a un balcón, a un patio, a una terraza o a una colina, o incluso construirse en un tejado. Técnicamente, pueden crearse en cualquier lugar con una buena exposición y una estructura sólida. Por ejemplo, puede construir unas camas elevadas en la entrada de su casa durante la primavera, ya que es la zona que recibe más sol por la tarde.

Si piensa montar una cama elevada sobre una superficie sólida, como un balcón o un patio, debe tener en cuenta el drenaje adecuado, fundamental para toda buena cama elevada. La cama también debe estar construida con algún tipo de fondo para mantener la tierra en su sitio. Si no es así, la tierra se irá filtrando poco a poco, creando un desorden del que no querrá ocuparse. Una forma de hacerlo es forrar la base abierta con tela geotextil, o simplemente puede elegir una cama elevada de tela o una bolsa a granel.

Los contras de la jardinería de cama elevada

Como se ve, hay muchos pros respetables de cultivar un jardín de elevada. Sin embargo, merece la pena tener en cuenta algunos inconvenientes potenciales. Veamos algunos de los más destacados.

Las camas elevadas requieren un costo inicial y más materiales: Si solo las camas elevadas de estilo aparecieran de la nada. Por desgracia, no es así. Se necesitan herramientas, madera, una gran cantidad de tierra de alta calidad y tornillos para dar vida a este método de jardinería. El coste de la tierra sana y de los materiales necesarios puede acumularse, sobre todo si se construyen y llenan varias camas simultáneamente. Las camas de jardín en el suelo son más asequibles y sencillas, y aunque es posible que tenga que comprar ciertas enmiendas y abono antes de empezar, no es ni de lejos lo que se necesita para las camas elevadas.

Una de las pocas formas de asegurarse de que el llenado de su cama elevada sea más económico de lo habitual es comprar compost y tierra de calidad a granel. También puede construir sus jardines e instalar camas elevadas por etapas, ocupándose de mini proyectos de a poco para repartir el coste. Otra forma eficaz de hacerlo es adoptar el método cada vez más popular del hugelkultur. Todo lo que necesita es espacio, ramas, cortezas y/o troncos de cualquier lugar de su propiedad.

Las camas elevadas requieren una buena cantidad de habilidades básicas: Si planea construir su cama elevada desde cero, necesitará tener ciertas herramientas, habilidades y fuerza física. También tendrá que saber cálculos básicos para comprar los tamaños y la cantidad de materiales correctos y diseñar el jardín. Si no tiene una sierra, los departamentos de madera pueden cortar las tablas a la longitud que prefiera. Si es su primera cama elevada y no tiene un taladro eléctrico, puede que tenga que recurrir a clavarla a mano, aunque no lo recomiendo.

Montar un jardín en el suelo también requiere un poco de músculo, pero no es tan laborioso y es más sencillo, ya que no requiere casi ninguna herramienta. Afortunadamente, montar las piezas de una caja rectangular es uno de los proyectos de bricolaje más directos y sencillos que puede hacer casi cualquiera, así que no se asuste. Para simplificar las cosas, hay vídeos tutoriales paso a paso por todo Internet que explican cómo montar su kit de cama elevada. Si no se anima a construir el suyo desde cero o a comprar un kit, existen camas elevadas prefabricadas en el mercado para mayor comodidad. Están disponibles en muchos tamaños, alturas y profundidades.

No son eternos: Desgraciadamente, su cama elevada tendrá que ser reparada o sustituida por completo, a diferencia de las camas de jardín de tierra. Cuando llegue el momento de las reparaciones, habrá que trabajar mucho para sustituir las tablas de madera, mover la tierra o simplemente cambiar toda la cama y su contenido. Afortunadamente, la vida útil de una cama elevada depende del material con el que esté construido. Por ejemplo, las camas elevadas hechas con ladrillos o piedras serán más duraderas que las camas hechas con madera o con bolsas a granel. Además, las cajas de madera bien hechas durarán mucho más que las mal hechas.

Siempre es aconsejable construir las camas elevadas con madera de buena calidad de al menos 2 pulgadas de grosor, como la secoya o el cedro, que no solo son resistentes a las termitas y la podredumbre, sino que pueden durar más de una década. La madera de secoya es fácil de conseguir en la costa oeste y es tan barata como la de cedro, que es fácil de conseguir en la costa este. La secoya y el cedro son más caros que el abeto de Douglas, las tablas para vallas, la madera de pino barata, la madera de desecho reutilizada, las tablas finas de una pulgada y la madera contrachapada. Sin embargo, son propensos a arquearse y pudrirse. Aléjese también de la madera tratada a presión, porque está repleta de toxinas, especialmente si pretende cultivar plantas comestibles. El coste de la madera de alta calidad merece la pena cuando se planifica un jardín con camas elevadas.

Las camas elevadas no son temporales: Cuando construye o instala su cama elevada, es un poco difícil alterar la disposición de su espacio de jardín o cambiar la ubicación de las camas. Esto no significa que sea imposible hacerlo, simplemente es relativamente difícil. Usted necesitará cavar hacia fuera el suelo para reubicarlas o para rediseñarlas, y eso puede ser mucho trabajo, especialmente si la conveniencia era una de las razones principales por las que usted comenzó a cultivar un jardín de cama levantada. Embolsar la tierra y mover la madera de un lugar a otro puede ser una experiencia muy agotadora. Comparado a las camas elevadas, las camas de tierra pueden ser modificadas fácilmente sin tanto esfuerzo. Todo lo que usted debe hacer es simplemente cavar un nuevo espacio. Incluso puede arar y resembrar la zona si quiere.

Puede que las curvas y las formas sean limitadas: Quizá prefiera disfrutar de la sensación de un jardín más fluido, suave y natural. Los jardines con camas de tierra dejan espacio para una mayor flexibilidad en el diseño y las formas creativas, formando menos líneas duras que las camas de jardín elevados.

Las jardineras suelen limitarse a formas rectangulares o cuadradas, a no ser que se disponga de las herramientas adecuadas y se sea hábil. Sin embargo, es posible añadir algo de suavidad y fluidez a su espacio de jardín con camas elevadas de varias maneras. Por ejemplo, si tiene zonas de cultivo empedradas, puede plantar flores, arbustos ondulados y construir caminos curvos para dar equilibrio a la estructura.

Así que, ¡ahí lo tiene! Las ventajas y los posibles inconvenientes de la jardinería de cama elevada. Como usted debe haber notado, los pros potenciales de este método de cultivar un jardín dependen en gran parte de su suelo natural, las preferencias estéticas, el espacio único del jardín, la prevalencia de plagas, y el presupuesto. Para muchos jardineros, los beneficios de cultivar con una cama de jardín elevada superan en gran medida los contras, a pesar de que ambos estilos de jardinería son maravillosos y dignos.

Capítulo tres: Selección de materiales y estilos para las camas elevadas

La jardinería en camas elevadas es cada vez más popular, como ya hemos dicho, y por buenas razones. La gente está regresando rápidamente a la naturaleza como fuente de alimento seguro, confiable, barato, y sano. Su renombre ha conducido a innovaciones, y estas innovaciones han conducido a incontables blogs a presentar innumerables materiales de construcción para cultivar un jardín de cama elevada. Sin embargo, no todos los materiales presentados son adecuados para este método de jardinería, y algunos son muy perjudiciales para usted y su suelo si no está informado.

Materiales que deben evitarse en los jardines de camas elevadas

El reciclaje es generalmente respetuoso con el medio ambiente y, en algunos casos, es una opción ideal para la construcción de camas elevadas. Sin embargo, hay ciertos materiales reciclados que deben evitarse a la hora de construir sus camas elevadas.

Traviesas de ferrocarril: Este material se ha utilizado para construir escaleras, camas y otras construcciones paisajísticas en todo Estados Unidos. A pesar de su popularidad y disponibilidad, no parece que merezca la pena su coste, sobre todo si se profundiza en cómo se trató químicamente la madera antes de que estuviera lista para su uso.

El aspecto más importante de estos tratamientos químicos es la creosota y sus usos. Se ha confirmado que la creosota está compuesta por más de 300 sustancias químicas diferentes, muchas de las cuales son potencialmente peligrosas para los seres humanos y pueden contaminar el suelo circundante. La EPA ha emitido varios anuncios de advertencia contra el uso de traviesas de ferrocarril en cualquier tipo de construcción de jardines, por lo que debe mantenerse alejado de ella, incluso si le gusta su aspecto.

Neumáticos: Los neumáticos suelen utilizarse para el cultivo de papas o como una forma creativa de dar un toque a un jardín. Esto ha sido beneficioso al mantener los neumáticos fuera del vertedero. Sin embargo, estos neumáticos contienen metales pesados. Estos metales pueden filtrarse en el suelo circundante, contaminando cualquier alimento que se cultive en ellos. Se ha argumentado que el caucho de los neumáticos actúa como agente aglutinante, impidiendo que los metales se separen de los neumáticos y contaminen el suelo. En cualquier caso, si quiere utilizar neumáticos en su jardín, por su propia seguridad asegúrese de plantar solo flores no comestibles.

Palés: Los palés son un material estupendo para construir camas elevadas, siempre y cuando se conozca su procedencia. Los palés se utilizaban originalmente para el transporte de materiales y tenían los restos de lo que transportaban. Algunos palés también han sido tratados con bromuro de metilo, un infame producto químico perturbador que puede afectar negativamente a la salud endocrina. Muchos fabricantes de palés dejaron de utilizar este producto químico en 2005, sin embargo, todavía hay muchos palés antiguos en circulación. Si tiene que utilizar un palé en su jardín, busque siempre un sello que diga "tratado térmicamente" o "HT". Si no encuentra un sello o no puede verificar si ha sido tratado térmicamente, no lo utilice.

Madera tratada: Muchos jardineros, incluso los más experimentados, confían en la madera tratada cuando necesitan materiales para la construcción de camas elevadas por su protección adicional contra la putrefacción, los daños causados por los insectos y la humedad. Es cierto que la madera tratada es más duradera que otros materiales para el mismo fin, pero también puede liberar toxinas en el suelo, contaminando sus alimentos.

A lo largo de los años, se ha desarrollado madera tratada a presión con arseniato de cobre cromado, que acaba filtrando arsénico al suelo. En la actualidad, la mayoría de los productores de madera han dejado de utilizar el CCA durante el procesamiento. En su lugar, se utiliza el quat de cobre alcalino y el cobre azol, y a pesar de no ser tan tóxico, el cobre puede llegar al suelo, que no será orgánico.

Si su cama elevada ha sido construida con madera tratada a presión, asegúrese de proporcionar a sus plantas suficiente fósforo a través del compost. Las plantas tienen más posibilidades de absorber arsénico si viven en un suelo deficiente en fósforo.

El mejor material para la construcción de camas elevadas

Madera roja corazón o cedro: La madera roja y el cedro realzan con estilo el aspecto de su jardín y le garantizan una resistencia natural a los insectos, la podredumbre y la humedad. Estos materiales se estropean con el tiempo, pero puede disfrutar de cinco o más años de una cama de madera roja o cedro bien construido y algunos incluso sobreviven más de una década.

Los jardineros experimentados suelen utilizar la madera de cedro para construir camas elevadas, y por buenas razones. Es naturalmente resistente a los insectos y a la putrefacción. El Juniperus virginiana, también llamado cedro rojo oriental, es muy resistente a la putrefacción y es extremadamente duradero incluso en el suelo. El único inconveniente es que la madera puede ser difícil de trabajar debido a su densidad. El cedro rojo oriental es difícil de encontrar, especialmente a granel, porque no se fabrica localmente. También puede ser muy costoso.

La Thuja plicata, también conocida como cedro de la costa oeste, no es tan difícil de trabajar, aunque tiende a partirse cuando se utilizan tornillos para madera sin perforación previa. Es fácil de conseguir en comparación con otros tipos de cedro. Hay algunas preocupaciones sobre la sostenibilidad de sus prácticas de producción. Además, se necesita mucho combustible para transportarlo debido a la ubicación de su producción. Es unas cinco veces más caro que el pino amarillo del sur, pero usualmente merece la pena la inversión.

Ciprés: Este tipo de madera es originaria del sureste y se puede obtener fácilmente en Georgia en comparación con el cedro, aunque normalmente no se puede comprar en las madereras de descuento. Es resistente a los insectos y a la podredumbre, especialmente cuando está en contacto con el suelo. Es más duradero que el pino normal. Puede resultar un poco difícil y caro pedirlo en una maderera, pero si se cultiva y muele en su región, es mucho más barato y una alternativa preferible al cedro.

Pino: Tiene su origen en el sureste, y es la madera más disponible en Georgia. El pino amarillo del sur es una de las maderas más fáciles y resistentes de utilizar en la construcción. También es muy asequible y se puede obtener en una variedad de grados, siendo el grado más alto el menos común y obviamente el mejor. Independientemente de la calidad, el pino es poco o nada resistente a los insectos y a la podredumbre. Su vida útil se acorta cuando se utiliza en estrecho contacto con el suelo. Los únicos pinos exentos de esto son los que proceden de edificios muy antiguos. La madera de pino de cuarenta años es increíblemente robusta, densa y recta en comparación con el pino actual. Cuando busque pinos para la construcción de su cama elevada, recupere la madera de edificios y graneros antiguos, porque son una gran alternativa y más orgánica en comparación con otros materiales de construcción.

Maderas duras como el roble: Las maderas duras son un poco difíciles de conseguir en grandes tamaños o cantidades y, según las investigaciones, solo son ligeramente más resistentes a los insectos y la podredumbre que el pino. El coste de algunas maderas duras es un factor de prohibición. Además, suelen ser difíciles de trabajar una vez que se han secado.

Conservantes de maderas orgánicos

Los conservantes comerciales de la madera han sido sometidos a un intenso escrutinio en la última década, especialmente la creosota y otras maderas tratadas a presión a base de cobre, como la madera teñida de verde que se utiliza en la construcción de cubiertas. Como ya he mencionado, los postes de madera reciclados y travesías de ferrocarril deben evitarse cuando se construyan camas elevadas para cultivar alimentos comestibles, debido a su tratamiento con creosota. Se han planteado preocupaciones similares sobre la madera tratada a presión, aunque algunas fórmulas modernas parecen seguras para la producción de alimentos.

Sin embargo, las directrices de la Certificación Orgánica de la USDA prohíben el uso de cualquier madera tratada a presión que se utilice en contacto directo con las plantas comestibles. Esto significa que tenemos relativamente pocas opciones para tratar la madera de las camas elevadas. Los dos productos más populares para este fin son el aceite de tung y el aceite de linaza. No solo son orgánicos, sino que se ha demostrado que prolongan la vida útil de la madera incluso en contacto directo con el suelo.

Aceite de linaza: Se trata de un extracto de linaza que puede proteger los productos de madera natural de la putrefacción. Es vital entender la diferencia entre el aceite de linaza hervido y el aceite de linaza crudo. El aceite de linaza hervido es una combinación de aceite de linaza crudo y disolventes artificiales que pueden no ser seguros para su uso en sistemas orgánicos. El aceite de linaza crudo es un conservante natural de la madera muy asequible. No es tan eficaz como los conservantes a base de cobre o la creosota, pero es completamente orgánico. Tenga en cuenta que el aceite de linaza es una fuente de alimento para el moho, así que no se sorprenda cuando vea el crecimiento del moho en la madera conservada con aceite de linaza.

Aceite de tung: Se trata de un extracto del árbol del tung que ha demostrado su eficacia en la conservación de la madera. Es más caro que el aceite de linaza y suele mezclarse con disolventes tóxicos que ayudan a su aplicación y absorción.

Madera sin preservar

Con este tipo de madera se consiguen algunas de las piezas más bonitas y hogareñas, incluidas las camas elevadas. Sin embargo, hay que tener en cuenta que los productos fabricados con madera no tratada no son tan duraderos como las otras opciones. Las camas elevadas hechas con madera no tratada pueden funcionar durante unos tres años antes de necesitar ser reemplazadas. Esto ha demostrado ser una buena opción económica para los jardineros que buscan camas elevadas baratas, resistentes y temporales antes de hacer algunas adiciones de camas elevadas permanentes al jardín.

Rocas

Si puede obtener fácilmente rocas de los alrededores de su propiedad, aprovéchelas construyendo una cama elevada natural. Puede que se agote tratando de llevar las rocas al lugar elegido. Aun así, el esfuerzo inicial producirá beneficios a largo plazo, teniendo en cuenta que las camas elevadas de rocas son casi eternas y requieren poco mantenimiento. También necesitará argamasa para pegar las rocas, al menos mientras construyes en altura.

Recuerde que esta opción solo es económica si ya tiene rocas alrededor de su propiedad. Comprar rocas solo supondrá un mayor coste y es desaconsejable a no ser que pretenda hacerlo más por pura estética que por funcionalidad.

Ladrillos

Esta es otra opción elegante, pero puede ser un poco cara dependiendo del ladrillo que se busque, ya sea reciclado o nuevo. Al igual que las rocas, los jardines hechos con ladrillos duran muchas décadas y requieren poco mantenimiento. Una alternativa más barata ha acaparado mucha atención recientemente, gracias a los bloques de cemento de YouTube. Sin embargo, no hay que utilizar la forma de bloques de cemento, sobre todo los más antiguos, si se mezclan con cenizas volantes. Las cenizas volantes contienen arsénico, plomo, mercurio, etc., que se filtran al suelo y contaminan los alimentos.

Bloques de concreto

Son el material más barato y fácil de usar para construir un jardín de camas elevadas. Los bloques de concreto son fáciles de conseguir de forma gratuita o por un pequeño precio. Pueden colocarse unos encima de otros para hacer camas elevadas bastante altas. Sin embargo, si las paredes tienen más de dos niveles, utilice argamasa para mantenerlas unidas y evitar que se derrumben. Es más fácil encontrar bloques de concreto que hayan sido usados, pero recuerde que apilar bloques usados sin argamasa es casi imposible.

Macetas y contenedores

Esta es una gran opción para los jardineros que viven en apartamentos, pero que siguen interesados en seguir con sus intereses de jardinería. Incluso los jardineros con mucho espacio pueden aprovechar las ventajas de las macetas colocadas en los rincones del espacio abandonado. Esto es especialmente perfecto para esparcir plantas, como ciertos arándanos y menta, en macetas más grandes. No olvide hacer agujeros adicionales a los previstos por el fabricante para mejorar el drenaje.

Cuando compre macetas para plantar, busque las que estén libres de BPA para evitar que este se filtre a la tierra. Esta información suele encontrarse en la parte inferior de la maceta.

Madera compuesta

La madera compuesta es cada vez más popular para los proyectos de construcción en exteriores debido a su durabilidad y relativa facilidad de uso. Está hecha de una mezcla de pulpa o fibras de madera y resinas de plástico y luego se le da forma en diferentes dimensiones de madera. Es caro y está disponible en unos pocos tamaños básicos, sobre todo para cubiertas. Suele costar entre tres y cuatro veces más que la madera de pino básica tratada.

No se ha confirmado la vida útil de la madera compuesta en contacto directo con el suelo. Los estudios sobre los efectos de la madera compuesta para cubiertas han demostrado que la madera sufre muchos tipos de deterioro similares a los de la madera tradicional, como decoloración, mildiú, grietas, degradación por la luz y moho. Los estudios también han confirmado que la madera compuesta tiene más costes medioambientales que el pino o el cedro.

Paredes de mortero

Las paredes de mortero son una construcción más permanente y más segura. Los muros apilados en seco no son tan caros y son más fáciles de montar, pero tampoco son tan permanentes. El concreto excavado de las aceras y calzadas suele obtenerse gratis. Si consiga trozos pequeños de un grosor uniforme, puede utilizarlos como grandes materiales reciclados para sus muros de camas elevadas. Hay ciertas áreas en Georgia donde los escombros de granito se obtienen fácilmente. Si son piedras angulares, pueden apilarse para formar muros.

Hay que tener en cuenta que un muro de piedra no puede construirse más alto que un solo nivel, con mortero para mantener las piedras unidas.

Kits de camas elevadas

Han ganado popularidad en los centros de jardinería locales y en los proveedores de Internet. A menudo, hacen que la construcción de camas elevadas sea rápida y fácil. Suelen estar hechos de cedro occidental o de plástico barato, y aunque algunos kits solo contienen los equipos, otros son el paquete completo. La calidad y la variedad de los kits de camas elevadas varían mucho, por lo que hay que ser precavido a la hora de comprar, asegurándose de conocer el kit que se desea antes de realizar la compra.

Independientemente del tamaño de su espacio de jardín, las camas elevadas son la solución orgánica perfecta para cultivar cosechas saludables y productivas a cualquier nivel de habilidad y edad. Siempre que haga uso de los materiales adecuados para la seguridad, la comodidad y la preferencia de estilo, estará en el camino hacia un estilo de vida más activo, saludable y autosuficiente.

Capítulo cuatro: Creación de un plan de distribución para su espacio

Un esquema de plantación funcional necesita un buen plan. Hay que dedicar más tiempo a la elección y selección de los cultivos adecuados que al proceso principal de cultivo. Hay que decidir el estilo que se necesita y luego investigar los requisitos de las plantas.

Las camas elevadas son una forma eficaz de cultivar un huerto, pero conllevan una lista de retos. Es necesario planificar adecuadamente y conocer todos los factores que intervienen si se quiere tener un jardín de camas elevadas funcional.

Cosas practicas a considerar

Levantar ciertos materiales a cierta altura es considerado un trabajo duro por algunos, incluso hasta el punto de provocar lesiones o tensiones si se hace de forma incorrecta. Por ejemplo, una regadera es muy práctica cuando se riegan las plantas a una altura relativamente baja, mientras que levantar la misma regadera a una altura elevada de la cama puede resultar incómodo. Afortunadamente, para esto existe una solución en una manguera o un sistema de riego.

No es fácil levantar materiales pesados, como plantas pesadas o carretillas cargadas de compost. Sin embargo, hay soluciones como las tablas de andamio o las rampas bajas para ayudar a empujar el compost en pequeñas cantidades sobre las carretillas. O siempre puede utilizar contenedores más ligeros y pequeños, como cubos, para trasladar materiales de construcción.

La altura perfecta

Hay cultivos trepadores altos, como el lúpulo y las judías verdes, que pueden crecer demasiado si los cultiva en estructuras verticales o en camas elevadas altas. Esto requerirá el uso de una escalera para atender y cosechar sus cultivos. Por suerte, hay versiones más cortas de estas plantas igual de productivas y fáciles de cultivar. Tenga siempre en cuenta la altura.

El presupuesto

El coste de la construcción de una cama elevada es mayor que el de las camas en tierra, independientemente del tipo de materiales que pretenda utilizar para la construcción, ya sean piedras, madera o ladrillos, a menos que tenga suficientes materiales de este tipo en su propiedad. También debe comprar tornillos, taladros, martillos, sierras de calar y clavos para mantenerlos unidos, y tener en cuenta el coste del material de plantación. Si viviéramos en un mundo perfecto, todo el mundo tendría sus propias bolsas de compost casero, pero la mayoría de la gente tendrá que importar tierra y compost al jardín. Lo bueno es que el desembolso inicial siempre merece la pena, porque con el tiempo, las camas serán cada vez más eficientes y producirán abundantes cosechas cada temporada. Al menos, no tendrá que gastar dinero en el control de plagas.

Retención de humedad

El tipo de cama elevada que elija determinará si debe regar las plantas con más frecuencia que las camas de tierra. Esto se debe al mejor drenaje que ofrecen las camas elevadas en comparación con los de tierra, lo que puede ser positivo, sin embargo, algunos drenan más que otros. Las camas elevadas como el jardín de ojo de cerradura y el hugelkultur, están diseñados para retener el agua en lugar de perderla.

La mesa de trabajo

La forma ideal de empezar a planificar el diseño de su cama elevada es dibujar el plan en un papel, determinando qué plantas se colocarán en cada lugar. Esta etapa del proceso de planificación le evita cometer errores costosos, como comprar más plantas de las que necesita en el centro de jardinería.

Si tiene intención de plantar verduras en sus camas elevadas, tendrá que planificar metódicamente para determinar la posición adecuada de cada verdura. Así se asegura de que todas las plantas tengan el espacio necesario y evita que las más pequeñas vivan constantemente a la sombra de las más altas. Durante este proceso, es posible que descubra que necesita más de una cama elevada para poder realizar una rotación de cultivos cada año. Si su jardín es estrictamente ornamental, tendrá que asegurarse de que sus plantas preferidas son adecuadas para las condiciones climáticas y el tipo de suelo.

Estilo: Elija un color

Para una cama elevada decorativa, también tendrá que tener en cuenta las combinaciones de colores de las plantas. Es posible que quiera un tema de un solo color en su jardín, o que desee tener colores que proyecten un estado de ánimo particular, como colores pasteles tranquilos y calmados, o colores vibrantes, brillantes y cálidos. Muchos jardineros utilizan una rueda de color para determinar los colores que combinan bien.

La rueda color

La rueda de color es una herramienta importante para determinar las mejores combinaciones de colores. No solo se utiliza en jardinería, sino también en otros ámbitos como la moda, el arte, el marketing, etc. La regla es que los colores que se encuentran uno al lado del otro, como el amarillo y el verde, serán una combinación tranquila y armoniosa. Por el contrario, los colores que se encuentran en los lados opuestos de la rueda, como el púrpura y el amarillo, hacen una combinación de contraste y tienen un impacto llamativo.

La importancia del tamaño

Cuando se diseña una cama de tierra, las reglas de ubicación suelen ir en función del tamaño y son bastante sencillas: las plantas cortas se colocan delante y las altas detrás. Sin embargo, las camas elevadas son un poco diferentes, porque pueden verse desde múltiples ángulos, así que hay que considerar cómo quiere que se vea la cama.

Si construye un camino que rodee la totalidad de su cama elevada, se verá desde todos los ángulos, lo que significa que las plantas más cortas deben colocarse en los bordes y las más altas en el centro. Recuerde que las plantas más altas pueden arrojar algo de sombra sobre las más cortas según el movimiento del sol, así que considere cuidadosamente la posición de todas las plantas.

Si quiere cultivar hortalizas, considere la posibilidad de colocar las plantas que toleran la sombra, como la lechuga y las verduras de hoja, junto a las hortalizas más altas. Mantenga las plantas amantes del sol, como las calabazas, los calabacines y los tomates, cerca de los bordes de la cama, lejos de las verduras más altas. Recuerde que plantas como las papas y las zanahorias necesitan al menos medio día de luz solar directa.

La profundidad perfecta

Las camas elevadas requieren diferentes profundidades por distintos motivos. Estos factores vienen determinados por las plantas que pretende cultivar y por el hecho de que la cama está situada en un patio, tiene una tabla en la parte inferior o está en contacto directo con la tierra de abajo. Si la cama se sitúa directamente sobre el suelo, los cultivos con raíces más grandes se extenderán más allá de la profundidad de la cama elevada hacia el suelo inferior. En este caso, la altura de la cama elevada no es importante.

Cultivos anuales, hierbas y ensaladas

Si solo pretende cultivar un puñado de ensaladas al año, necesitará una cama elevada de unas 4 pulgadas de profundidad. Los cultivos de ensalada suelen tener raíces poco profundas e incluso serán igual de productivos en una jardinera, por lo que la profundidad en una cama elevada no es una necesidad. Hay otras razones para querer utilizar una cama elevada más alta, además de la profundidad, como la estética o la facilidad de mantenimiento. La begonia, la petunia, la lobelia, la rudbeckia de temporada, el cosmos, Busy Lizzie y otros cultivos temporales requieren condiciones similares y no poseen grandes sistemas de raíces, lo que significa que están bien con suelos poco profundos. La mayoría de las hierbas perennes, como la menta, el tomillo y el romero, tienen su origen en la región mediterránea, donde crecen en condiciones de suelo rocoso y árido, por lo que no necesitarán esa profundidad.

Hortalizas de raíz profunda, céspedes ornamentales y plantas herbáceas perennes

Los cultivos herbáceos requieren profundidad en las camas elevadas, porque suelen tener un sistema de raíces más grande que los cultivos anuales. Las hortalizas como las papas, los guisantes, las judías, las zanahorias, las coles, etc., también requieren profundidad. En concreto, se necesita una profundidad de al menos 12 pulgadas para que alcancen su punto más alto de productividad. Pueden crecer en camas poco profundas, pero es posible que tenga que regarlos y alimentarlos más de lo habitual para compensar la falta de profundidad.

Arbustos y matas frutales

Muchos árboles y arbustos frutales necesitan una profundidad de al menos 20 pulgadas para crecer y desarrollar todo su potencial. Al igual que las hortalizas con raíces más profundas, pueden crecer en suelos poco profundos, pero se atrofiarán considerablemente y es probable que tengan una vida corta en comparación con las mismas plantas en suelos más profundos.

Árboles

¿Sabía que cuando mira un árbol, la parte que ve arriba suele ser un espejo de lo que hay abajo en forma de sistemas de raíces? Ahora imagine el sistema de raíces de un árbol enorme. Recuerde que los árboles suelen ser adaptables, el árbol bonsái es un buen ejemplo de árboles que reducen su crecimiento para adaptarse al espacio disponible. Algunos árboles pueden comprarse con porta injertos enanos, lo que reduce su tamaño total. En un mundo ideal, los árboles deberían tener una profundidad de al menos 3 o 4 pies en una cama elevada.

Factores que hay que tener en cuenta a la hora de situar la cama elevada

Una de las claves principales para el éxito de la jardinería es colocar las plantas correctas en la cama elevada correcta, en cuanto a la posición de la cama. Si se trata de un jardín pequeño, es poco probable que tenga muchas opciones para situar sus camas elevadas, pero afortunadamente existen plantas para todos los aspectos, ya sea una cama de esquina soleada, sombreada, seca o húmeda.

Camas de esquina sombreadas

Si puede, y su espacio lo permite, el mejor sitio para su cama elevada es una zona abierta y soleada. La mayoría de las plantas prosperan con la máxima luz solar, cuanta más exposición al sol tengan sus hojas, mayor será su producción de azúcares, que endulzan cualquier verdura o fruta que produzcan. Sin embargo, si su espacio no le permite colocar su cama elevada a la luz directa del sol durante la mayor parte del día, no se preocupe, porque hay plantas a las que les encanta la sombra. A las plantas de hoja como las espinacas, las verduras de verano y las coles les gusta el frescor. En los rincones sombreados es menos probable que las camas se sequen debido a la exposición al sol, y las hortalizas tienen menos tendencia a cerrarse, porque disfrutan de un sistema de raíces fresco. Muchas plantas ornamentales también prosperan en los rincones sombreados, como los helechos, los eléboros, el Epimedium y las hostas.

Luz adecuada

Antes de construir una cama elevada, es aconsejable encontrar la zona donde más llega la luz del sol para maximizar la luz solar que reciben sus plantas. Esto puede parecer obvio, pero recuerde que una flor plantada directamente en una cama de tierra, sobre todo en jardines pequeños, puede quedar bloqueada de la luz solar directa si se sube a una cama elevada. Las paredes, los tejados y las copas de los árboles pueden bloquear una cama que normalmente recibe la luz del sol cuando está en el suelo.

Es fácil de entender. Sabe que el sol sale por el este y se pone por el oeste. Cuando es mediodía, el sol está siempre en el sur, y por ello, las camas elevadas orientadas hacia el sur son más soleadas y mucho más cálidas que las situadas en el lado norte de la casa. Una cama elevada está pensada para estar bajo la luz directa del sol durante la mayor parte del día, así que si su patio trasero está en el lado norte de la casa, pero tiene la suerte de tener mucho espacio en su patio delantero, entonces considere colocar su cama elevada allí. Además, recuerde que el sol está mucho más alto en verano que en invierno, por lo que si tiene previsto ampliar la temporada de plantación, compruebe si su jardín sigue recibiendo la luz solar adecuada incluso cuando está a su menor altura.

Otra forma de dejar que entre más luz solar en su jardín es recortando las ramas de la vegetación que crecen demasiado y sobresalen. No olvide preguntar a sus vecinos si les parece bien reducir la altura de algunos árboles de su jardín que afectan a la cantidad de luz solar que entra en el suyo. Reducir la altura de su valla delimitadora también permitirá que entre más luz, aunque le cueste la privacidad.

Ubicación

También hay otras cuestiones prácticas que hay que tener en cuenta a la hora de elegir una ubicación para su cama elevada. Si tiene intención de cultivar hierbas o verduras, considere la posibilidad de colocar la cama elevada cerca de la puerta trasera o de la ventana de la cocina para poder cosechar fácilmente las verduras o hierbas frescas al cocinar. Para crear más intimidad frente a las personas de fuera, puede considerar la posibilidad de colocar sus camas elevadas en los muros del jardín para aumentar la altura de los límites del mismo. También puede colocarlos alrededor de una zona de descanso o un patio para crear una sensación de intimidad. Si el plan es cultivar árboles o plantas altas, lo mejor es mantenerlos alejados de la casa, para que no restrinjan la visión del jardín.

Suministro de refugio

Al igual que nosotros, los cultivos suelen preferir estar protegidos de los elementos. La exposición al viento puede hacer que sus hojas se diezmen. También puede hacer que los cultivos afectados se sequen rápidamente al absorber la mayor parte de la humedad del suelo. Los fuertes vientos durante los periodos de floración no permiten a los insectos polinizadores volar y hacer su trabajo, lo que provocará un bajo rendimiento en los arbustos y árboles frutales.

Una solución eficaz es cultivar plantas tenaces y resistentes, capaces de soportar el viento. Las plantas que prosperan en lugares frente al mar son ideales. Sin embargo, si sus plantas son tiernas, como la mayoría de las hortalizas, necesitarán cierta protección contra los vientos fuertes. Muchos jardines pequeños, sobre todo en la ciudad, suelen estar bien protegidos de los vientos, porque los rodean muros, vallas y matorrales. En el caso de los jardines grandes, evite construir las camas en condiciones que las dejen expuestos, por ejemplo, en la cima de una colina.

Los matorrales son la barrera perfecta para cualquier jardín, ya que reduce el impacto del viento y es semipermeable, lo que permite una adecuada circulación del aire. Esto es vital, porque ayuda a prevenir enfermedades, especialmente hongos, y la acumulación de plagas que florecen en condiciones de quietud y estancamiento. Las estructuras no permeables, como las vallas y los muros, evitan eficazmente los daños causados por el viento, pero tienen un inconveniente. A veces, el viento puede desplazarse por el borde superior de la valla o el muro y caer en picada sobre la cama elevada con más fuerza.

Bolsas para heladas

Muchas plantas pagarán el precio si su cama elevada está situada en una bolsa para heladas. La escarcha suele acumularse en las partes más bajas del jardín, porque cuando el aire frío lo atraviesa, el aire caliente que surge es sustituido. Este efecto puede empeorar si no se permite que el aire frío circule, lo que suele estar provocado por una estructura sólida permanente, como una valla o un muro, en el extremo más bajo del jardín. Las plántulas se llevan la peor parte del frío, ya que las heladas las acaban rápidamente, mientras que las flores o los brotes tiernos simplemente se marchitan y mueren. También disminuye la duración de la temporada de cultivo, porque la cama estará demasiado fría para que crezca nada hasta bien entrada la primavera.

Mantener la cama elevada alejada de los lugares con heladas permitirá cultivar a principios de la primavera y prolongar el periodo de cultivo hasta bien entrado el otoño. Si una bolsa de heladas es inevitable, prepárese para proteger las plantas y cultivar más tarde en la temporada para evitar la decepción que supone perder sus cultivos por el duro frío.

Capítulo cinco: La construcción de las camas de jardín

Pasos sencillos para construir una cama elevada de madera

1. Después de elegir un lugar para su cama elevada, determine si el suelo nativo es de alta calidad. Si lo es, debe excavarse y reservarse para rellenar la cama más adelante.

2. Utilice un cordel o una cuerda para delimitar el perímetro de la cama en el suelo.

3. Para las camas elevadas se necesitan estacas de retención de un mínimo de 2x2 pulgadas. Estas estacas se colocan en las esquinas de la cama. Coloque estacas cada 5 pulgadas a lo largo de los lados para que sirvan de apoyo. Ahora empújelas a 12 pulgadas de profundidad en el suelo.

4. Utilice tornillos galvanizados para fijar las estacas a las tablas de madera de soporte.

5. Vierta la tierra preparada o comprada en la cama, llenando solo la parte inferior. Si la hierba se retiró del lugar de la cama elevada, puede colocarla al revés en la parte inferior de la cama, porque se irá pudriendo poco a poco a medida que avanza la temporada.

6. Ahora rellene el resto de la cama con una mezcla de partes iguales de compost de jardín y tierra vegetal.

Pasos sencillos para construir una cama elevada de ladrillo

Las camas elevadas de ladrillo son más difíciles de construir que las de madera, ya que requieren habilidades prácticas adicionales como la albañilería. No se preocupe, no es nada que no pueda aprender. Las camas elevadas de ladrillo son sorprendentemente duraderas una vez construidas correctamente, proporcionando una cama robusta y fuerte que es elegante en la mayoría de los lugares: Patio trasero, patio delantero o jardín.

Corte de ladrillo

1. Utilice el borde de una paleta para hacer un ligero surco en el centro del ladrillo.

2. Coloque un puntal para ladrillos en la ranura y utilice un martillo para golpear rápido y cortar el ladrillo limpiamente por la mitad. No olvide llevar gafas de protección cuando corte ladrillos.

Pasos para construir una cama elevada de ladrillo

1. Con un cordel o cuerda, trace el perímetro de la cama elevada.

2. Ahora construya una base de concreto para evitar que la cama se hunda en el suelo. Ahora haga una zanja con una profundidad de 20 pulgadas y una anchura de dos ladrillos. Mezcle 2 ½ partes de arena, 1 parte de cemento y 3 ½ partes de grava para hacer la base de concreto, y luego utilícela para revestir el fondo a una profundidad de 6 pulgadas. Ahora, espere a que se seque.

3. Mezcle 3 partes de arena y 1 parte de cemento. Añada la cantidad de agua necesaria para obtener una consistencia fácil de usar que sea lo suficientemente flexible como para cubrir todo el enladrillado, pero no sea demasiado fangoso. El plastificante ayuda a mantener la flexibilidad de la mezcla de cemento.

4. Las hileras de ladrillos deben colocarse con una anchura de dos ladrillos. Cada ladrillo debe colocarse sobre una cama de cemento de solo una pulgada de espesor. La segunda capa debe comenzar con medio ladrillo para que quede escalonada con las hiladas inferiores. Esto reforzará su resistencia y durabilidad.

5. Las tres primeras capas deben ser lo suficientemente altas como para llegar al nivel del suelo. Ahora, siga apilando ladrillos hasta alcanzar la altura deseada.

6. Si tiene ladrillos achaflanados por ahí, cúbralos en el borde superior de la cama para protegerlos de la humedad y por estética.

7. El interior de las paredes debe estar revestido con un material permeable.

8. Vierta el compost y la tierra vegetal.

Pasos para construir un camino de ladrillos en espiga

1. Para asegurarse de que el camino está nivelado con la superficie, excave la tierra en el lugar del camino a una profundidad de una pulgada más que los ladrillos que va a utilizar.

2. A continuación, cubra el fondo del camino con arena hasta un grosor de 2,5 pulgadas

3. Coloque los ladrillos en forma de espiga a lo largo de su camino.

4. Coloque los ladrillos en la capa de arena y rellene los huecos con arena adicional.

Caminos del jardín

Si tiene la intención de tener varias camas elevadas, debe considerar cuidadosamente los caminos entre ellos y a su alrededor. Los caminos crean estructura y son la columna vertebral de cualquier diseño de jardín y son importantes para garantizar que los elementos esenciales del jardín sean accesibles.

Los caminos del jardín deben ser prácticos y funcionales, pero también deben ser bonitos y complementar el estilo existente de su jardín y de la cama elevada. Por ejemplo, un sendero rústico de virutas de madera complementará perfectamente una cama elevada de ladrillo.

El ancho perfecto

Si espera caminar cómodamente entre sus camas elevadas, el ancho mínimo de su camino debe ser de 16 pulgadas. Si tiene intención de utilizar una carretilla mientras cultiva el jardín, el camino debe tener al menos 26 pulgadas de ancho. Si desea que sea lo suficientemente ancho para el acceso de las sillas de ruedas, el camino debe tener una anchura de entre 3 y 4 pies. Recuerde que no habrá espacio extra para nadie más que la silla de ruedas. Para obtener espacio extra, hágalo de 5 pies de ancho.

Tipos de caminos de jardín

Camino de losas o ladrillos: Los caminos más resistentes se construyen con losas o ladrillos que proporcionan una base sólida para que su carretilla se desplace. Si busca un aspecto rústico, considere la posibilidad de colocarlos en el suelo, empujándolos hasta la profundidad de la losa o del ladrillo para que queden nivelados con el suelo. También puede colocarlos sobre la arena y simplemente fijarlos con una brocha de mezcla de cemento y arena seca, regándola después para que se fije. Están disponibles en una variedad de tamaños y precios que se ajustan al presupuesto de la mayoría de la gente.

Si no le preocupa el estilo, chequee los contenedores de su zona, ya que la gente suele deshacerse de losas y ladrillos viejos. No olvide consultar con el constructor o el propietario antes de pasar por su contenedor.

Camino de hierba: Este es el tipo de camino más asequible, pero es el que requiere más mantenimiento, ya que habrá que cortarlo al menos una vez a la semana durante la temporada de crecimiento. Si opta por colocar la hierba hasta los lados de la cama elevada, los bordes también necesitarán ser recortados con regularidad. Algunas camas elevadas pueden dar sombra a una buena parte de los caminos de césped. Si es así, las semillas de césped tolerantes a la sombra son la mejor opción para garantizar que el césped esté verde todo el año.

Camino de mantillo de virutas de madera: Esta opción es relativamente económica. Para construirlo, coloque tablas de grava a ambos lados del camino y sujétalas con clavijas de madera. Las tablas de grava suelen tener entre 6 y 8 pies de largo, entre 3 y 4 pulgadas de ancho y 6 pulgadas de alto. Sirven para retener el mantillo de virutas de madera en el camino y evitar que se extienda a otras camas de flores y al césped.

A continuación, coloque una capa de lámina de amortiguadora de terreno sobre el camino y sujétela con estacas metálicas. Por último, el camino debe cubrirse con una capa de 2 pulgadas de mantillo de virutas de madera y rastrillarse para nivelarlo. El mantillo de virutas de madera tendrá que rellenarse con regularidad, ya que se pudre o se desprende.

Camino de grava: La construcción de este camino es relativamente sencilla y barata. Un inconveniente es que la tierra o el abono derramados son difíciles de empaquetar y ordenar. Para construirlo, cave una base de unas 6 pulgadas de profundidad. Coloque la madera tratada en los bordes para evitar que la grava se extienda a zonas no deseadas. Hay que clavar clavijas de madera a intervalos de 3 pies para mantener la madera en su sitio.

Utilice un rodillo o una plancha Wacker para compactar el suelo o simplemente pise en plano si solo cubre una pequeña zona. Coloque una capa de gravilla en la base del camino, luego ponga una capa de arena y remate con una capa de grava de 2 pulgadas de grosor. Nivélelo con un rastrillo y ya está.

Errores comunes a evitar en la jardinería de camas elevadas

Mala disposición: Situar el jardín en la zona equivocada es un gran error y casi imposible de solucionar cuando se utiliza una cama elevada. La caja suele ser difícil de reorganizar o mover una vez que la ha llenado de tierra, instalado el sistema de agua y plantado sus cultivos.

Para evitarlo, lo primero que hay que tener en cuenta a la hora de elegir el emplazamiento de su cama elevada es el sol. Si la orientación es este-oeste en lugar de norte-sur, es menos probable que sus plantas reciban la luz solar necesaria para su desarrollo. Las hortalizas necesitan al menos seis horas de luz solar al día.

Poner en el sol plantas amantes de la sombra o viceversa es otro problema al que se enfrentan la mayoría de los principiantes. Por ejemplo, los tomates necesitan seis o más horas de luz solar directa cada día. Los chiles, las berenjenas y otras hierbas estarán más contentas en la parte más soleada de la cama elevada, mientras que los guisantes o las lechugas preferirán lugares con sombra.

Dicho esto, las plantas que se coloquen en el lado sur recibirán la mayor cantidad de luz solar, pero asegúrese de que sean plantas lo suficientemente cortas para que no restrinjan la luz solar de los otros cultivos.

Materiales de construcción inadecuados: La mayoría de las camas elevadas se construyen con madera, pero se pueden construir con otros materiales. Confirme que los materiales son seguros para su uso cerca de sus cultivos, especialmente los comestibles. Las normas de seguridad y las regulaciones sanitarias suelen variar según la región o el estado.

Cuando busque materiales para construir su cama elevada, evite materiales tóxicos como la madera tratada a presión o la madera tratada con productos químicos. Los materiales más antiguos pueden contener creosota u otros productos químicos nocivos, así que evítelos también.

Busque opciones sostenibles y de origen local que no hayan sido tratadas, que sean resistentes a la putrefacción y duraderas, y que estén aprobadas por el FSC (Consejo de Administración Forestal). Esto garantizará que su cama elevada siga siendo funcional y maravillosa durante mucho tiempo.

Elegir el tamaño adecuado: Procure no elegir una cama elevada más grande de lo que necesita. Las camas deben tener el tamaño justo para facilitar el acceso y la comodidad. El tamaño recomendado para una cama elevada típico no supera los 4 pies de ancho, para que el jardinero pueda llegar a los cultivos del centro.

Si sitúa su cama cerca de una valla, le convendrá reducir la anchura a menos de 30 pulgadas. Además, asegúrese de dejar suficiente espacio entre las camas elevadas, al menos de 2 a 3 pies. Todo jardinero debe poder caminar cómodamente por los caminos y entre las camas.

Regado: Regar demasiado las plantas es otro error común, ya que pueden ahogarse y pudrirse. Regarlas muy poco también es problemático. Supongamos que no está seguro de la cantidad de agua que necesita su cama elevada, no hace falta que haga conjeturas, porque puede invertir en un sistema de riego con un controlador inteligente. Tiene sensores de humedad que detectan y ajustan automáticamente la cantidad de agua en su jardín.

No es necesario que su sistema de riego sea de última generación o caro para que funcione correctamente y le ahorre mucho tiempo. Sin embargo, si un sistema de riego está fuera de su presupuesto, sus cultivos no tienen por qué sufrir. Lo único que debe hacer es observar atentamente el suelo. Cuando parezca dura, es hora de regar. Si no puede saberlo mirando, tome un puñado de tierra y apriétela hasta formar una bola suelta. Si se pega, la tierra está suficientemente hidratada. Algunas plantas actúan como indicadores de humedad. Un buen ejemplo es la lechuga, que se marchita rápidamente cuando se deshidrata. Considere la posibilidad de cultivar plantas indicadoras que le ayuden a comprobar correctamente el contenido de humedad de un vistazo.

Si no dispone de un plan de riego al construir su cama elevada, tendrá que regar de manera tradicional, con una manguera larga o una regadera. Otra opción, en ausencia de un sistema de riego, es colocar un barril de agua de lluvia cerca de la cama elevada para mayor comodidad.

Mala calidad del suelo: Al igual que un organismo vivo, el suelo sufre cambios y evoluciones. Sus condiciones se ven afectadas por las lluvias, los problemas de drenaje o las escorrentías. Algunas plantas se alimentan del suelo con más intensidad que otras. Es fundamental prestar atención al tipo de suelo que utiliza para su jardín: Sus niveles de minerales, su pH y la materia orgánica necesaria para darle un impulso.

El tipo de tierra que ponga en su cama elevada es un aspecto importante para la felicidad futura de sus cultivos. Evite utilizar tierra normal para macetas en su jardín, porque se drena rápidamente. Existen en el mercado suelos para camas elevadas que son más eficaces.

Puede comprar un kit de análisis de bricolaje en una ferretería de su zona para analizar su suelo anualmente. Este kit le ayuda a descubrir el tipo de suelo que necesita, teniendo en cuenta los cultivos que quiere realizar. Analice la tierra antes de cultivar y durante toda la vida de su cama elevada. Para obtener la tierra más eficaz, mézclela con partes iguales de abono orgánico. Sus plantas seguramente aprovecharán esta nutritiva adición.

Productos químicos: El uso de productos químicos incorrectos directamente en las camas o cerca de ellos puede afectar gravemente a la productividad de los cultivos. Puede pensar que es seguro utilizar estos productos químicos en su jardín, pero lejos de las camas elevadas, ¿verdad? No es así. El viento puede llevar toda esa toxicidad a sus camas, dañando sus plantas.

Los productos químicos que contienen herbicidas pueden permanecer en la tierra durante muchos años, envenenando el suelo. Claro que es importante eliminar las malas hierbas y el césped, pero si se acerca demasiado, perderá sus plantas. Estos productos químicos se vuelven más peligrosos en la temporada de lluvias, porque el agua de escorrentía puede transportarlos a otras zonas de su jardín.

Moraleja: Aléjese de los herbicidas tóxicos. En su lugar, mezcle partes iguales de vinagre y agua caliente para deshacerse de las malas hierbas y del pasto. Basta con rociar las plantas infractoras con la mezcla una vez al día hasta que las malas hierbas se marchiten y se vuelvan marrones, y luego arrancar el resto a mano.

Es probable que en los caminos de su jardín también crezca hierba y maleza con el tiempo, pero en lugar de fumigarlos o segarlos, que también son buenas ideas, puede simplemente construir una barrera. Aplaste tantas cajas de cartón como necesite y ponga un poco de mantillo encima de su barrera. Es una solución fácil y más duradera que otras opciones.

Falta de preparación: La preparación adecuada de las camas entre temporadas de cultivo garantizará cosechas sanas y abundantes. Si no prepara el suelo para la siguiente temporada, las cosechas pueden enfermar, atrofiarse o no crecer.

En lugar de plantar los mismos cultivos en la misma posición todos los años, puede cultivar cosechas más saludables practicando la rotación de cultivos y evitando plantar cultivos de la misma familia en el mismo lugar o cerca unos de otros año tras año. Las enfermedades fúngicas, la infertilidad del suelo y las plagas comunes son problemas a los que se enfrentan diferentes plantas, para evitar que un problema se extienda a otras plantas, alterne las posiciones de sus cultivos cada año.

Elección errónea de las verduras: Elegir verduras adecuadas, pero en la combinación equivocada es un error que puede corregirse más tarde, pero ¿elegir las variedades equivocadas? La temporada de siembra podría ser más difícil de lo que esperaba. Supongamos que empiezas con una hortaliza más dura, como los espárragos. Si es principiante, podría desanimarse por la larga espera de dos o tres años para que produzca una cosecha. Otro error que cometen los principiantes es cultivar una verdura de clima frío, como la col, en la temporada equivocada.

Para evitarlo, empiece con las hortalizas más sencillas de cultivar mientras descubre los cultivos que funcionan bien en sus huertos, como la albahaca, los pimientos, los tomates y los calabacines.

Asegúrese de que las opciones de hortalizas que seleccione no solo sean fáciles de cultivar, sino que también sean adecuadas para usted y su familia. No tiene sentido cultivar lechugas si hay alergias en su casa. Seleccione las hortalizas que más se van a consumir, y será más probable que le interese la variedad que tiene su huerto.

También es fundamental que las opciones que elija prosperen en su jardín, porque algunas podrían no hacerlo. Algunas hortalizas son más propensas a las plagas, no prosperan en ambientes húmedos o no soportan los cambios bruscos de temperatura a lo largo del año. Tenga siempre en cuenta el clima de su localidad.

Para empezar su primer año cultivando un huerto con hierbas fáciles de cultivar tanto en el exterior como en el interior, aquí tiene una lista de las hierbas más sencillas para empezar:

1. Tomillo
2. Perejil
3. Albahaca
4. Menta
5. Cilantro
6. Orégano

No utilizar indicadores de hileras/semillas: Marque sus hileras y señale los puntos en los que planta cada nueva adición a su cama elevada para evitar el hacinamiento. Es fácil perder la pista de los puntos exactos en los que coloca las semillas, pero el uso de un indicador evitará que vuelva a plantar sobre las semillas, porque las plántulas a veces pueden confundirse con las malas hierbas.

Para mayor comodidad, coloque una etiqueta en cada planta. Compre pequeñas etiquetas de plástico y péguelas en la tierra para etiquetar las plantas.

La jardinería es una aventura en la que nunca se deja de aprender. Incluso los jardineros más experimentados cometen errores de vez en cuando, pero aprender de ellos es la única manera de avanzar. Además, ¡no hay nada malo en probar algo nuevo!

Capítulo seis: Elección de los cultivos (y consejos para la jardinería ecológica)

Este capítulo guiará a los principiantes en el campo a través del a veces frustrante proceso de selección de semillas y preparación del jardín. También es para los jardineros experimentados que pueden estar lidiando con la adicción a la compra de semillas.

Lo primero que hay que hacer es entender la jerga, porque al igual que otros oficios, los catálogos de semillas tienen ciertas frases y terminologías que son cruciales de entender. Es posible que conozca el significado de la etiqueta de producto ecológico certificado (y no pasa nada por desconocerlo. Esta etiqueta garantiza que esas semillas han sido cultivadas en suelo orgánico y han sido cuidadas y procesadas según las directrices del USDA). Sin embargo, la descripción de las semillas va un poco más allá. He aquí algunas terminologías importantes que descubrirá en los catálogos:

1. Plantas de estación fría: Son especies vegetales que toleran las heladas. Prosperan en otoño y primavera, cuando las temperaturas diurnas están entre los 70 y los 60 grados, y las nocturnas oscilan entre los 30 y los 40 grados.

2. Plantas de estación cálida: Florecen desde finales de la primavera hasta principios del otoño, cuando la temperatura diurna supera los 80 grados y la nocturna suele ser superior a los 50.

3. Días para el crecimiento completo: Es el número medio de días que necesitan los cultivos trasplantados iniciados en el interior para alcanzar la madurez. También es el número de días que necesitan las semillas sembradas directamente en el jardín para madurar.

4. Resistente a enfermedades: Estas palabras son las más importantes a la hora de consultar los catálogos de semillas. Algunos listados contienen acrónimos como VFNTSt o VFN, que es una etiqueta abreviada para la enfermedad particular a la que una variedad es inmune. Una baya VFN es inmune a marchitarse por fusarium, nematodos y a marchitarse por verticillium. Todos los catálogos de semillas deberían incluir un código de resistencia a las enfermedades.

5. Semillas reliquia: Se trata de variedades tradicionales que se han transmitido de generación en generación, en lugar de ser producidas por semilleros modernos. La mayoría de las semillas reliquia disponibles hoy en día son anteriores a la década de 1940.

6. De polinización abierta: Estas variedades han sido polinizadas de forma natural por los insectos o el viento, en lugar de los métodos de polinización controlada utilizados por los criadores experimentados. Una semilla de una planta de polinización abierta puede reservarse anualmente, porque germinará realmente desde la semilla, es decir, tendrá un aspecto casi idéntico al de su planta madre.

7. Híbrido F1: Estas semillas son el producto de un cruce deliberado de dos variedades. Los híbridos F1 dan lugar a plantas con mayor consistencia en cuanto a apariencia, tamaño y otras características. La semilla producida no puede reservarse y plantarse de nuevo en la siguiente temporada, porque dará lugar a plantas con rasgos significativamente diferentes a los de la planta original.

8. No OGM: Estas semillas no han sido creadas con métodos de ingeniería genética. Ejemplos de ello son las semillas reliquias, los híbridos F1, las semillas de polinización abierta y cualquier variedad que lleve una etiqueta de certificación orgánica. La mayoría de las empresas de semillas venden sus productos como no OGM, pero honestamente, no hay semillas OGM disponibles para la venta a los jardineros domésticos. Las semillas no transgénicas se utilizan casi estrictamente en Norteamérica para la agricultura industrial.

9. Variedades granuladas: Son semillas que han sido recubiertas con una sustancia biodegradable para aumentar su tamaño y facilitar su cultivo. Ayuda a disminuir la sobreplantación de semillas pequeñas, como las zanahorias y las lechugas.

Además, esté atento a las frases o terminologías que puedan señalar un rasgo que considere útil. Por ejemplo, un frijol "tipo arbusto" es un tipo de frijol que crece robusto y bajo, lo que lo convierte en una opción perfecta para jardines con espacio limitado. También existen los "tomates de patio", que crecen robustos y bajos y han sido criados para prosperar en un contenedor o maceta. Hable con sus vecinos o amigos sobre las variedades que prefieren o póngase en contacto con el funcionario del servicio de extensión de cooperativa local para que le sugiera qué semillas plantar.

La relación entre el clima y las verduras

Está bien seleccionar algunas variedades de semillas que requerirán más tiempo y atención que otras, porque no están diseñadas para prosperar en su clima. Sin embargo, se recomienda comprar variedades de semillas que no tengan quejas sobre el clima de su región.

Lo primero en lo que hay que centrarse es en descubrir su primera ventana de jardinería. Se trata del número aproximado de días del año sin heladas. Esto es importante, porque el crecimiento de muchos cultivos se detiene cuando la temperatura cae por debajo de los 32° F. Para ello, marque el día en que terminan las heladas en primavera y el día de la primera helada en otoño en su zona.

Algunas hortalizas como la albahaca, el melón, los tomates, los frijoles, el maíz, los pepinos, etc., son de temporada cálida. Es poco probable que sobrevivan a las primeras heladas del año, por lo que deben cultivarse y cosecharse durante el periodo de cultivo. Otras hortalizas, como las coles, las papas, las zanahorias, etc., son de estación fría. Es más probable que sobrevivan a una helada suave. Sin embargo, rara vez superan el verano, a menos que se encuentren en el norte o en regiones costeras donde los veranos son más frescos. Si vive en una zona con veranos calurosos, solo cultive este tipo de plantaciones en otoño y primavera.

Cuando compre un paquete de semillas, compruebe si hay un indicador que revele los "días hasta el crecimiento completo" de esa variedad de semillas. Es poco probable que encuentre esa información en los listados de los catálogos, ya que solo indican las regiones adecuadas para los cultivos. Los cultivos que necesitan 90 días o más para madurar tienen pocas probabilidades de sobrevivir en zonas con veranos cortos y frescos, porque son amantes del calor. El número de días hasta el crecimiento completo que figura en el paquete de semillas simplemente le indicará la intensidad de calor o frío que necesita el cultivo para prosperar, no necesariamente indica el número exacto de días que necesita la semilla para madurar.

Consejos para la jardinería ecológica

Cultivar plantas comestibles orgánicas significa que usted y su familia pueden disfrutar de cosechas sabrosas, frescas y saludables, sin pesticidas ni productos químicos sintéticos. Algunos de los consejos básicos para la jardinería ecológica son los mismos que en la jardinería no ecológica: Coloque sus plantas en una zona que reciba la máxima luz solar durante unas 6 horas al día o más. Todos los jardines necesitan ser regados con regularidad, así que asegúrese de tener una manguera o espiga que llegue a todas las partes de su cama. Ahora veremos consejos particulares para la jardinería ecológica.

Comience con el mantillo y la tierra orgánica del jardín: Para disfrutar de las cosechas de un huerto ecológico sano, hay que empezar con un suelo sano. La parte más vital de la composición de un suelo es la materia orgánica, como el compost, el estiércol o el musgo de turba, que es un producto de los microorganismos descompuestos de la vida vegetal anterior. Esta materia descompuesta aporta a los cultivos los nutrientes necesarios para su supervivencia. Es posible crear su propio compost reservando un contenedor o una zona en la que la materia orgánica se descomponga. También puede comprarlo a granel si tiene muchas camas elevadas. También puede utilizar el compost en bolsas, disponible en tiendas de artículos para el hogar o en centros de jardinería.

Limite la propagación de las malas hierbas colocando una capa de mantillo de 2 pulgadas de grosor sobre el suelo. Forme una barrera que impide que las malas hierbas reciban la luz solar que necesitan para germinar. Esta capa de mantillo también evita que las esporas de las enfermedades fúngicas lleguen a las hojas de las plantas. Utilice como mantillo un material orgánico, como paja sin hierba, papel de periódico o cáscaras de cacao, para que se descomponga y contribuya a la materia orgánica del suelo.

No se conforme nunca con un abono inorgánico para el jardín: El uso de abono en su huerto hará que sus cultivos crezcan más rápido y produzcan mayores cosechas. Los tipos de abono orgánico que debe buscar son el estiércol bien descompuesto de criaturas que se alimentan de plantas, como caballos, gallinas, ovejas, etc., y el abono orgánico preenvasado que se compra en la tienda de jardinería de su barrio o en Internet. También puede encontrar una variedad de fertilizantes orgánicos en las tiendas de mejoras para el hogar y en los centros de jardinería. Tenga en cuenta que si su suelo ya es rico en nutrientes, puede considerar la posibilidad de prescindir del fertilizante. Demasiadas bondades pueden atraer a las plagas, ya que se verán atraídas por el exuberante crecimiento de sus cultivos.

Consejos para la compra de plántulas: Cuando compre plántulas, debe elegir plantas que no tengan hojas amarillas y que tengan un color saludable para la especie. Evite las hojas marchitas o caídas. Si quiere comprar trasplantes, saque la planta del recipiente o maceta con cuidado para asegurarse de que las raíces son blancas y están bien desarrolladas. Aléjese de las plantas que ya tienen flores o que están brotando. Si no se puede evitar, pellizque las flores y los brotes antes de plantar para que la planta dirija su energía a la formación de nuevas raíces.

Rote sus cultivos cada año: Muchas plantas estrechamente emparentadas suelen sufrir la misma enfermedad, por lo que hay que evitar cultivar en el mismo lugar donde crecieron sus parientes un año o dos antes. Las dos familias de plantas más importantes a las que hay que prestar atención son la familia de las calabazas, como la calabaza, la sandía, el calabacín, etc., y la familia del tomate, como las papas, los tomates, los pimientos, las berenjenas, etc. La rotación de cultivos en varias partes del huerto ayudará a limitar o prevenir el desarrollo de enfermedades y el agotamiento de los nutrientes del suelo.

Lidiar con las malas hierbas: Esas molestas plantas que parecen brotar de la nada de la noche a la mañana son la manía de todo jardinero. Planifique la eliminación de las malas hierbas en las camas elevadas a diario. Es más fácil arrancar las malas hierbas después de regar o de las lluvias, pero si la tierra está embarrada o húmeda, posponga el desmalezado hasta que se seque un poco.

Hay varias formas de arrancar una mala hierba. Una de ellas es pellizcar suavemente la base del tallo y arrancar la raíz. Otra forma es arrancar el sistema de raíces haciendo palanca con una paleta para desmalezar. También se puede raspar la parte superior de la hierba con una azada, teniendo cuidado de no dañar ningún cultivo. Recuerde que las malas hierbas volverán a crecer si sus raíces quedan en el suelo.

Las malas hierbas son malas para su jardín por muchas razones válidas. No solo compiten con sus cultivos por los nutrientes y el agua, sino que también atraen a las plagas. Si las plagas acaban entrando en su cama elevada, se desplazan de una planta a otra, propagando enfermedades. La mejor manera, y la más ecológica, de deshacerse de ellas es recogerlas a mano. Si odia los insectos o es aprensivo, los guantes pueden hacerlo sentir más cómodo.

Su jardín debe estar siempre limpio: Muchas enfermedades se propagan rápidamente a través del follaje caído y muerto. Así que inspeccione su cama elevada al menos una vez a la semana, o más si puede, para limpiar las hojas caídas. Es posible prevenir todo un brote de enfermedad simplemente deshaciéndose de una hoja infectada. Deseche las hojas enfermas o muertas en un contenedor, nunca en su pila de compost.

Asegúrese de que sus plantas reciben suficiente agua y aire: Regar las hojas por la tarde o por la noche puede favorecer la aparición de mohos como el mildiu o el oidio. En lugar de regar sus cultivos desde arriba, invierta en una manguera de riego que ahorre agua y la lleve directamente a las raíces, evitando las salpicaduras. Asimismo, respete los requisitos de espaciado que figuran en los paquetes de semillas para evitar el amontonamiento. Un flujo de aire adecuado entre los cultivos puede ayudar a prevenir un brote de muchas enfermedades fúngicas.

Cultive plantas que atraigan insectos beneficiosos: Hay ciertas flores que no solo añaden belleza a su jardín, sino que también atraen a insectos útiles como los abejorros, que ayudan a la polinización, y a las mantis religiosas y escarabajos que ayudan a devorar insectos dañinos. Algunas de estas flores son:

1. Cleome
2. Margarita
3. Aciano
4. Caléndula

5. Echinacea purpurea
6. Cosmos
7. Capuchina
8. Rudbeckia
9. Zinnia
10. Girasol
11. Salvia
12. Milenrama

Capítulo siete: Hortalizas para las camas elevadas

A la hora de preparar su huerto en camas elevadas, es muy fácil sentirse abrumado por la gran cantidad de plantas diferentes que hay en los catálogos de semillas. Sin embargo, hay consejos útiles para ayudarlo a encontrar los cultivos adecuados.

Elegir qué plantas cultivar en su jardín puede ser muy divertido, sobre todo para los principiantes que desean probarlo todo. Mirar los catálogos de semillas y marcar las que le interesa cultivar es una experiencia emocionante, porque las posibilidades son infinitas. Es bastante habitual que los jardineros principiantes se excedan plantando más cultivos de los que necesitan. Planificar antes de plantar es el camino más inteligente para no agobiarse cuando todas las cosechas estén listas al mismo tiempo.

Cómo seleccionar los cultivos para su jardín en camas elevadas

Es el momento de pensar en lo que pretende conseguir con el jardín. ¿Cuál es exactamente el plan?

¿Quiere complementar sus comidas con productos frescos y ecológicos?

¿Espera redirigir el dinero que normalmente gasta en comida en otra cosa?

¿Intenta evitar los pesticidas?

¿Planea cultivar alimentos que puedan conservarse y almacenarse durante el invierno?

Es probable que el objetivo de plantar su huerto comestible incluya uno o varios de los puntos que mencionaré en este capítulo. Tener claros sus objetivos le ayudará a seleccionar mejor las plantaciones adecuadas que serán más productivas en su espacio de cultivo. A continuación, le ofrezco una lista de ciertas consideraciones a la hora de elegir los cultivos para su huerto en camas elevadas:

Opte por los cultivos del gusto suyo y de su familia: A no ser que sea un jardinero industrial, no tiene sentido que se esfuerce en cuidar cultivos que ni a usted ni a su familia les gustan. Seleccione los cultivos en función de sus preferencias alimentarias y las de su familia. La jardinería es especialmente satisfactoria cuando se recompensa con los alimentos que le gusta comer.

Si le gustan las ensaladas, las verduras, las coles, las lechugas y los tomates son buenas opciones para sus camas. Si le gusta comer salsa fresca de vez en cuando, las cebollas, el cilantro, los pimientos y los tomates deberían estar en la lista. Si no está seguro de los alimentos que le gustan, piense por un momento en los alimentos que compra seguido cuando visita el mercado agrícola o la sección de productos del supermercado. ¿Qué es lo que va a parar al carro semana tras semana? Sí, puede que su huerto sea pequeño, pero se ahorrarás unos cuantos dólares si cultiva sus propios alimentos.

Elija los cultivos que prosperan en su región: Como ya hemos dicho, busque información sobre la temporada de cultivo y el clima de su región. La mejor manera de obtener esta información es hablar con otros jardineros de la zona. Supongamos que en un buen caso, tiene un jardinero como vecino. Hable con él sobre los cultivos que realiza en su jardín y los problemas a los que se enfrenta. Los jardineros son naturalmente generosos con sus experiencias y consejos de éxito en jardinería.

Los cultivos de alto valor también deberían figurar en la lista: ¿Qué tipo de verduras le gusta comer, pero compra en poca cantidad y solo cuando hay rebajas? ¿Ve a dónde quiero llegar con esto? Cultivar productos que suelen ser caros tiene sentido.

Los cultivos de alto valor más comunes son los tomates autóctonos, el ajo, las verduras para ensalada y los pimientos dulces. Por ejemplo, un paquete de lechuga ecológica cuesta unos 5 dólares en el supermercado, pero un paquete de semillas de lechuga de alta calidad cuesta menos y produce más de dos kilos de lechuga ecológica. Otra clase de cultivos de alto valor son las hierbas. Durante la temporada de cultivo, es una buena idea cultivar una gran cantidad de hierbas para condimentar sus comidas y conservarlas para el invierno.

Considere la posibilidad de sustituir los productos que han sido contaminados con residuos de plaguicidas: Los productos de algunas granjas que se encuentran en las tiendas de comestibles han sido contaminados con residuos de pesticidas, lo sepan o no los consumidores. Cultivar sus propias cosechas le garantizará productos ecológicos frescos, libres de pesticidas y otros productos químicos. De este modo, conseguirá erradicar por completo o reducir en gran medida su ingesta de toxinas.

El Grupo de Trabajo Ambiental publica cada año una lista de docenas sucias. Esta lista contiene los doce principales productos agrícolas que han dado positivo en las pruebas de carga de pesticidas realizadas por el USDA. Los cultivos que han entrado en la lista este año son:

1. Espinaca
2. Nectarinas
3. Duraznos
4. Frutillas
5. Cerezas
6. Kale
7. Peras
8. Papas
9. Tomates
10. Apio
11. Manzana
12. Uvas

Estos cultivos y otros más son fáciles de cultivar en su huerto de camas elevadas con cero productos químicos.

Seleccione plantas que sean fáciles de cultivar: Si es un principiante en el campo o no tiene suficiente tiempo en sus manos para atender los cultivos constantemente, entonces considere cultivar plantas que no necesiten ser mimadas. Una de las principales razones por las que la gente abandona su afición a la jardinería por frustración es porque sencillamente no tiene tiempo para regar y desmalezar, lo que puede suponer mucho trabajo. Algunos cultivos no requieren mucha atención y cuidado. Cultivos como las alcachofas, las cebollas caminantes, los espárragos y muchos más.

Considere los cultivos de conservación: Si su objetivo es conservar su cosecha, tendrá que plantar lo suficiente para comer y para almacenar. Esto puede requerir varias temporadas de experimentación para encontrar el equilibrio. Lleve un registro de su experiencia y progreso y ajuste el número de cultivos cada año.

Llegará esa época del año en la que la encimera de su cocina estará repleta de tomates esperando a ser transformados en salsas y salsa de tomate. Tendrá zanahorias y judías verdes en los cajones del frigorífico ansiosas de ser enlatadas a presión, y pepinos listos para convertirse en encurtidos. A veces puede resultar abrumador, pero el objetivo final siempre merece la pena. Por lo tanto, es importante tener en cuenta primero sus necesidades nutricionales y las de su familia antes de seleccionar los cultivos que va a plantar. Piense también en la cantidad promedio de alimentos que se consumen.

Tenga en cuenta que algunas hortalizas, como los pimientos, las calabazas de verano, las berenjenas y los tomates, crecen y producen cosecha durante toda la temporada de cultivo. Hay otras que solo producen una vez, como las zanahorias, los ajos, las cebollas y los rábanos. Una vez que haya seleccionado los cultivos que le gustaría tener en sus camas elevadas, lo siguiente que tiene que hacer es organizarse, hacer listas, comprar semillas y empezar a plantar. Una buena planificación es un aspecto tan infravalorado de la jardinería y es la clave para una cosecha abundante. No importa si es principiante o llevas años cultivando. Planificar todos los años le resultará muy útil.

Hortalizas fáciles de plantar en su jardín de camas elevadas

Muchas hortalizas prosperarán en un huerto de camas elevadas, pero esta es una lista de las que están absolutamente enamoradas del espacio estructurado que proporciona una cama elevada.

1. Kale: Esta es una de las mejores verduras para cultivar en una cama elevada, porque sigue produciendo hasta bien entrada la fría temporada de otoño. Con una cama elevada, es fácil cubrir el kale con marcos fríos que prolongarán su temporada productiva. Para ello, puede utilizar viejas ventanas con marco de caja. Si vive en una región con inviernos suaves o cortos, puede asegurarse de que su kale crezca fuerte en invierno con estas camas elevadas.

2. Acelga: Esta hortaliza se deleita en el ambiente de apoyo creado por la cama elevada. Disfrutan de la tierra suelta y los nutrientes densos que aseguran un gran crecimiento y tallos tiernos y brillantes. Cultive esta hortaliza junto con el kale y haga que sigan produciendo hasta bien entrado el invierno.

3. Zanahorias: Muchos jardineros sufren una terrible cosecha de zanahorias, porque estas resultan atrofiadas si se cultivan en un suelo que se compacte rápido, las camas elevadas les proporcionan la tierra perfectamente suelta que necesitan para prosperar. Las zanahorias largas requieren camas altas y profundas, mientras que las pequeñas zanahorias francesas prefieren camas cortas y bajas. Las camas elevadas producen zanahorias grandes y sanas sin todas las raíces atrofiadas y los pomos que suelen producir las camas convencionales.

4. Chirivías: Al igual que las zanahorias, las chirivías requieren una tierra repleta de nutrientes, pero lo suficientemente suelta como para permitirles crecer con fuerza. Estas dulces raíces agradecerán estar entre las hortalizas de su cama elevada.

5. Tomates: Los tomates son grandes comedores que germinan y se extienden por todas las zonas que pueden. Son el cultivo perfecto para las camas elevadas. Desprecian las malas hierbas y requieren mucha atención y cuidado para protegerlos de las babosas y otros insectos. Construya una cama elevada con cuatro carteles y utilice un poco de cuerda para cercarlo. Así tendrá espacio para que sus tomates prosperen.

6. Pepinos: Los pepinos crecen especialmente bien en camas elevadas, porque necesitan un suelo con buen drenaje. Cuando se plantan en las condiciones adecuadas, se pueden esperar pepinos crujientes, frescos y tiernos que son casi un sueño para algunos. Sin embargo, los pepinos se endurecen si el suelo se estanca. Sus enredaderas tienden a apoderarse de toda la cama, por lo que se aconseja colocarlos en una cama separada y construirles algo por lo que trepar.

7. Puerros: Todas las cebollas prosperan en las camas elevadas, porque se les proporciona un suelo bien drenado y abundante nitrógeno, pero los puerros han cogido un gusto especial por este método de jardinería. Construya una cama elevada baja, pero larga y cultive sus puerros como un elegante borde en su jardín. No ocupan tanto espacio como los tomates o los pepinos. Crean un hermoso divisor visual, dándole una cosecha completa de puerros gruesos y altos para los guisos y sopas de otoño.

8. Calabacines: Todo jardinero sabe que el calabacín puede ser a veces muy agobiante. Ocupa todo el jardín, produciendo más calabacines de los que los agricultores necesitan. Colocarlo en una cama elevada no reducirá su rendimiento, pero evitará que ocupe todo el espacio del jardín. Sus tallos extendidos y sus anchas hojas tendrán su propio espacio. No intente plantar nada más en la misma cama elevada con sus calabacines, el rábano picante es la única excepción.

9. Lechugas: Las lechugas arrepolladas son un bello complemento para los jardines de camas elevadas. Son hermosas bolas de color verde oscuro, verde brillante o verde con puntas rojas. Además, disfrutan de la tierra suelta y cálida y de la menor cantidad de malas hierbas que ofrecen las camas elevadas. También pueden plantarse a principios de la temporada y seguir produciendo hasta más adelante.

10. Remolacha: Estas raíces son bastante fáciles de cultivar. Les encanta la tierra arcillosa, pero eso no es un problema para los jardineros de camas elevadas, porque, literalmente, se puede comprar cualquier tierra y apilarla en una cama elevada. Pueden plantarse solas o compartir espacio con el rábano picante, otro cultivo de raíces que también disfruta de los mimos, de menos malas hierbas y de un suelo friable. Con las camas elevadas puede proporcionar un entorno perfectamente diseñado para las remolachas, un suelo con un buen drenaje y la cantidad adecuada de nitrógeno. Además, mantienen a raya a los rábanos picantes, evitando que se extiendan a otras partes del jardín.

11. Ensaladas: Cultivar verduras para ensalada, como las espinacas y la rúcula, en una cama elevada es estupendo, sobre todo si tiene perros o gallinas. Las camas elevadas mantienen estas verduras inaccesibles para las mascotas intrusas, y los bordes las mantienen bien protegidas contra las excavaciones y los arañazos. Al igual que las lechugas, las verduras frágiles para ensalada también disfrutan del suelo cálido y del buen drenaje que ofrecen las camas elevadas.

12. Melones: Esta es otra planta que intentará apoderarse de su jardín. Coloque sus melones en enrejados en camas elevadas más altas para contenerlos y protegerlos de las babosas mientras crecen. Los melones son cultivos de maduración lenta, por lo que requieren un entorno bien drenado y más controlado o es probable que se pudran en la tierra húmeda. Cultivar melones en camas elevadas también le da la oportunidad de prestar atención al suelo. La tierra necesaria para cultivar melones debe mantenerse constantemente caliente, y el entorno de las camas elevadas es más fácil de manipular que las camas de tierra. Coloque sus melones en camas elevadas de más de 6 pies de altura y asegúrese de que la tierra esté repleta de materia orgánica.

13. Rábanos: Se supone que los rábanos son fáciles de cultivar, pero la verdad es que los rábanos son pequeñas raíces quisquillosas y malhumoradas. Odian los suelos mojados, secos, demasiado ricos, arcillosos y el calor. Son las princesas del mundo de las plantas y disfrutarán del entorno abundante y controlado de una cama elevada. Construya la cama elevada perfecta para sus exigentes rábanos, ponga la tierra perfecta y asegúrese de que este bien drenada, pero no seca. Hágalo y podrá presumir con todo el mundo de la facilidad de cultivar rábanos.

14. Papas: Mezcle la tierra de su cama elevada con mucha paja, y se sorprenderá gratamente la facilidad con la que sus raicillas se convertirán en enormes papas. Estos tubérculos están completamente enamorados de todo lo relacionado con las camas elevadas, lo que a algunas personas les puede parecer inesperado. Además, las papas son más fáciles de cosechar en las camas elevadas, porque todo lo que tiene que hacer es sentarse al lado de su cama y tirar suavemente de las raíces, en lugar de agacharse todo el tiempo.

15. Brócoli rapini: El brócoli puede crecer en cualquier lugar que se le proporcione espacio, pero el brócoli rapini es mucho más pequeño que el brócoli normal, por lo que es fácil que se vea abrumado por cultivos más grandes y pierda agua y nutrientes al compartir el espacio. Dele a su rapini su propio hogar con un viejo tronco de madera. Esta sabrosa hortaliza puede plantarse al principio de la temporada, cuando la tierra está caliente, y como crece rápidamente, puede cosechar varias veces antes de que termine la temporada.

16. Apio: Este es otro cultivo quisquilloso que es especialmente exigente cuando se cultiva en una cama elevada. Requiere un suelo rico y constantemente húmedo y una larga temporada productiva. Su apio mostrará su agradecimiento por su atención volviéndose más tierno y sabroso de lo que esperaba.

17. Bok choy: El bok choy crece rápidamente y se alimenta intensamente, requiere un suelo suelto y rico. No le gusta compartir su espacio con las malas hierbas, lo que lo hace perfecto para las camas elevadas, especialmente en las regiones del norte. Es un cultivo de clima fresco que puede seguir creciendo hasta bien entrado el otoño, incluso sin mucha protección contra el frío.

Capítulo ocho: Los mejores árboles para las camas elevadas

Los árboles pequeños en terrazas o patios pueden añadir privacidad, estilo, proporcionar sombra, actuar como puntos focales naturales e incluso producir fruta. Lo bueno es que muchos de estos árboles pueden crecer bien en camas elevadas o contenedores. Algunos poseen características especiales como colores vivos en otoño, flores y una atractiva corteza. Sin embargo, algunos árboles tienen características engorrosas como la caída de flores, semillas y frutos, entre otras, y no todo el mundo se siente cómodo con ello. Por tanto, debe conocer todas las características del árbol que pretende plantar y su capacidad de supervivencia en su región.

Árboles pequeños para su cama elevada

Aquí tiene una lista de 13 increíbles árboles pequeños para cultivar en su cama elevada. Nota: Para seleccionar el árbol perfecto para su espacio, debe tener en cuenta su altura y ancho en su madurez. Además, algunas raíces tienden a agrietarse o levantar el pavimento, lo que lo haría inadecuado para un patio. Si piensa cultivar su árbol en una maceta, recuerde controlarlo regularmente para saber cuándo las raíces necesitan una nueva maceta debido a la expansión.

Árbol casto: Este árbol es un nativo de Asia y del Mediterráneo con muchos troncos que pueden ser acondicionados para crear un bonito árbol de sombra. Sus hojas son extraordinariamente aromáticas y producen pequeñas flores fragantes en espigas durante el otoño y el verano. Las variedades latifolia y rosas producen flores de color rosa, mientras que silver spire y alba producen flores blancas, y puede transformarse en un arbusto mediante la poda. Pode este árbol al final de cada invierno para mantener su forma. El árbol casto es muy resistente al hongo de raíz del roble y también es resistente al calor.

Colores disponibles: Blanco, rosa y azul lavanda.

Requisitos de suelo: Tierra suelta y bien drenada, humedad media.

Exposición al sol: Máxima luz solar.

Kumquat: También llamado Citrus japonica, este árbol puede cultivarse en macetas o en el suelo. Si se plantan en el suelo, pueden llegar a medir 8 pies de alto y 6 pies de ancho. Las versiones en maceta no son tan grandes, pero siguen siendo igual de hermosas. Sus flores de color naranja brillante acaban convirtiéndose en frutos comestibles y sus hojas de color verde oscuro son un espectáculo para la vista.

Plante los kumquats en su cama elevada por sus frutos de color naranja brillante y sus aromáticas flores. Son una gran adición a cualquier jardín, pero deben llevarse al interior durante los inviernos fríos. Los kumquats deben trasladarse a una cama elevada o a un contenedor más grande cada dos o tres años y abonarse durante toda la temporada de crecimiento.

Colores disponibles: Blanco.

Requisitos del suelo: Arcilla húmeda o arena fertilizada.

Exposición al sol: Máxima luz solar.

Arce japonés: Este árbol también se llama Acer palmatum. Es un árbol naturalmente enorme, que alcanza los 15 pies de altura en la madurez. Se puede cultivar en el suelo y en camas elevadas. En camas elevadas, prepárese para trasplantar el árbol a otra cama cada año debido al aumento anual de su tamaño.

Hay diferentes variedades de arce japonés, pero las mejores para las camas elevadas tienen hojas finamente cortadas y filiformes y ramas lloronas. Entre ellas están las variedades Mariposa, Dragón rojo, Crimson Queen, Mikawa Yatsubusa, Burgundy Lace y Dissectum. Los arces japoneses no necesitan ser podados con frecuencia. Sin embargo, asegúrese de eliminar las ramas dañadas, enfermas o muertas del árbol cuando las detecte.

    Colores disponibles: Rojo-morado.

    Requisitos del suelo: Ligeramente ácido, húmedo, rico y bien drenado.

    Exposición al sol: Luz solar máxima a sombra parcial.

Ficus: Este árbol también se llama Ficus benjamina o higuera llorona, y puede alcanzar una altura de al menos 50 pies en la naturaleza, pero cuando se domina, se convierte en una planta de interior. Es un árbol muy llamativo con sus ramas retorcidas y arqueadas y sus hojas de color verde brillante.

El ficus es una planta de patio flexible que puede pasar fácilmente de ser un árbol de interior a uno de exterior. No le gusta el frío, pero puede soportar el exterior una vez pasadas las heladas de primavera. Este árbol requiere una fertilización mensual en la temporada de crecimiento, pero prefiere que se le deje tranquilo durante el invierno.

    Colores disponibles: Borgoña, verde-morado, azul.

    Requisitos del suelo: Bien drenado, rico y húmedo.

    Exposición al sol: Luz solar máxima a sombra parcial.

Palmera de abanico europea: Este árbol, también llamado Chamaerops humilis, es perfecto si quiere dar a su terraza o patio un aire tropical, ya que su llamativa silueta es de una belleza absoluta. También hay otras especies criadas para espacios reducidos, como la palmera del paraíso (Howea forsteriana), la palmera china de abanico (Livistona chinensis), la palmera datilera enana (Phoenix roebelenii), la palmera dama (Rhapis excelsa) y la palmera excelsa (Trachycarpus fortune). Recuerde siempre abonar su palmera a lo largo de la temporada de crecimiento y cortar las partes enfermas o muertas cuando las vea. Además, procure no regarla en exceso, porque a las palmeras no les gusta.

Colores disponibles: Amarillo.

Requisitos del suelo: Bien drenado, rico y ligeramente húmedo.

Exposición al sol: Luz solar máxima a sombra parcial.

Manzano ornamental: Este árbol también se llama malus o crabapple y es más apreciado por sus cortas, pero dignas muestras de flores rosas, blancas y rojas que por sus frutos comestibles. Las variedades más pequeñas se pueden plantar en macetas o contenedores, mientras que las otras se pueden plantar en espaldera contra una valla o un muro.

Las variedades que se crían para las camas grandes y elevadas son Indian Magic, Sargent, Centurion y la japonesa, también llamada M. Floribunda. Los arándanos se vuelven más tolerantes a la sequía a medida que maduran, pero asegúrese de que su suelo no se seque. Si experimenta largos periodos sin precipitaciones, especialmente en los meses más cálidos, riegue su árbol. Además, hay que podarlos un poco, al margen del mantenimiento habitual de eliminar las ramas enfermas, muertas o dañadas.

Colores disponibles: Blanco, rojo y rosa.

Requisitos del suelo: Bien drenado, parcialmente húmedo y rico.

Exposición al sol: Máxima luz solar

Ciruelo ornamental o cerezo: Este árbol se denomina a veces prunus de flor. Están adornados con hojas de color púrpura oscuro y flores rojas, blancas o rosas según la variedad. Pueden plantarse en camas elevadas o en grandes contenedores. Algunas variedades son susceptibles de padecer enfermedades fúngicas y ataques de insectos, así que asegúrese de podar su árbol para adelgazar un poco las ramas y mejorar la circulación del aire, lo que ayuda a prevenir estos problemas.

Entre las variedades pequeñas de los ciruelos de flor figuran la ciruela de hoja púrpura Krauter Vesuvius, también llamada Prunus cerasifera; Krauter Vesuvius, el ciruelo de flor rosa doble, también llamado Prunus x blireana, y la ciruela de hoja púrpura, también llamada Prunus cerasifera.

Entre las pequeñas variedades de cerezas de floración se encuentran el cerezo Yoshino (cerezo japonés de flor), el Okame (Prunus incisa x Prunus campanulata), el cerezo de arena de hoja morada (Prunus x cisterna), y el Albertii (Prunus padus).

Colores disponibles: Rojo, blanco y rosa.

Requisitos del suelo: Parcialmente húmedo y bien drenado.

Exposición al sol: Luz solar máxima a sombra parcial.

Pino: También llamados Pinus, estos árboles de hoja perenne le proporcionan algo verde para decorar su patio durante todo el año. Además, proporcionan una buena cantidad de privacidad y sombra durante todo el año. Les gusta ser podados con frecuencia, así que manténgalos tan pequeños como quiera. Ciertas especies se crían para terrazas y patios, como el pino de Lacebark (Pinus bungeana), el pino rojo japonés de hoja perenne (Pinus densiflora) y el pino de piedra suizo de hoja perenne (Pinus cembra).

Para camas elevadas o contenedores grandes, considere la posibilidad de cultivar el pino negro japonés de hoja perenne (Pinus thunbergiana) y el pino mugo de hoja perenne (Pinus mugo). Los pinos rara vez necesitan muchos cuidados. Basta con regarlos durante las sequías prolongadas y abonarlos anualmente si el suelo es pobre.

Colores disponibles: No florece.

Requisitos del suelo: Bien drenado, fértil y parcialmente húmedo.

Exposición al sol: Luz solar máxima a sombra parcial.

Árbol del humo: También llamado arbusto del humo, este árbol es popular por sus llamativas hojas de color rojo-púrpura oscuro y sus pelos tan sedosos que parecen bocanadas de humo. Puede cultivarse en una maceta grande o en una cama elevada, y cerca de un patio o terraza. El efecto de humo se debe a los pelos esponjosos que acompañan a la floración del árbol en primavera. Los pelos pasan de rosa a púrpura a medida que avanza el verano. Asegúrese de podar muy ligeramente a principios de la primavera para obtener las mejores floraciones.

Colores disponibles: Amarillo.

Requisitos del suelo: Bien drenado y parcialmente húmedo.

Exposición al sol: Máxima luz solar.

Pera ornamental: Este árbol también se llama Pyrus. Necesitará al menos dos perales para que se produzca la polinización cruzada y los frutos. Si solo tiene espacio para un árbol, elija entre Bartlett o Anjou, porque son las variedades con capacidad para autopolinizarse hasta cierto punto. Otras variedades pequeñas para cama elevadas elevados son el peral Edgedell, el peral Manchurian, el peral Jack flowering, el peral Snow y el Glen's Form. Los perales no tienen problemas con los suelos húmedos si se les proporciona un drenaje adecuado. También son propensos a una enfermedad conocida como fuego bacteriano, por lo que habrá que podar las pociones enfermas cuando se identifiquen para evitar su propagación.

Colores disponibles: Blanco.

Requisitos del suelo: Humus, bien drenado y húmedo.

Exposición al sol: Luz solar máxima a sombra parcial.

Bahía dulce: También se llama Laurus nobilis. Es una planta perenne, pequeña y delgada, con forma de cono. Sus hojas son muy aromáticas y de color verde oscuro. Sus hojas son exactamente las del laurel que se utiliza para cocinar muchos tipos de comidas. Es una buena opción para las camas elevadas o las macetas colocadas en patios o terrazas. Se puede podar en forma de seto o topiario. Puede tolerar la sequía, pero no durante mucho tiempo, por lo que hay que regarla cuando se produzcan largos periodos sin precipitaciones. Sí, le encanta recibir mucha luz, sin embargo, protéjalo del sol durante las tardes calurosas, especialmente en los meses de calor.

Colores disponibles: Amarillo-verde.

Requisitos del suelo: Bien drenado, rico y húmedo.

Exposición al sol: Luz solar máxima a sombra parcial.

Crespón: También llamados arbustos, estos árboles son muy populares en el sur de Estados Unidos por sus flores de color rosa brillante, su hermosa corteza y sus preciosas hojas otoñales. Puede plantar las variedades de tamaño completo en grandes camas elevadas, ya que pueden alcanzar los 10 pies de altura, o elegir entre las muchas variedades más pequeñas, como Peppermint Lace, Zuni, Acoma, Hopi, Catawba, Chica Pink, Yuma, Pink Velour, Centennial, Seminole, White Chocolate, Glendora White, Chica Red y Comanche. Procure no abonar en exceso, porque puede provocar un crecimiento excesivo de las hojas. La poda excesiva tampoco es necesaria, aunque si lo desea puede dar forma

Colores disponibles: Rosa y blanco.

Requisitos del suelo: Parcialmente húmedo y bien drenado.

Exposición al sol: Máxima luz solar.

Glicina: Además de la evidente belleza de este árbol, se puede determinar como arbusto, árbol pequeño o enredadera. Si quiere un árbol, corte todos los tallos, dejando solo uno y atándolo a una estaca de madera. Cuando haya crecido a la altura deseada, pellizque o pode las puntas de las ramas para forzar el crecimiento de más ramas. La glicina también puede plantarse para formar una pérgola o una pérgola. Las dos especies de glicinas más populares son la glicina japonesa, también llamada W. floribunda, y la glicina china, también llamada Wisteria sinensis. No utilice abono a menos que su suelo no sea lo suficientemente rico, pero no dude en poner un poco de compost para promover un crecimiento y una floración saludables.

Colores disponibles: Morado, blanco y rosa.

Requisitos del suelo: Rico, húmedo y bien drenado.

Exposición al sol: Máxima luz solar.

Capítulo nueve: Jardín de hierbas en cama elevada

La gente ha utilizado las hierbas por sus propiedades curativas y culinarias durante siglos. Hoy en día, las hierbas siguen siendo tan útiles e incluso son más populares que nunca. Los cocineros adoran los sabores únicos que las hierbas aportan a todo tipo de alimentos y bebidas. Los herbolarios aprecian las propiedades curativas de ciertas hojas, raíces y flores. Los artesanos de las hierbas conservan la fragancia y la belleza de las flores y las hojas en bolsitas, popurrí, arreglos secos y coronas. Y los jardineros adoran las hierbas por sus extraordinarias cualidades, como su escaso mantenimiento, su resistencia natural a los insectos y su vigor.

Cuando mucha gente piensa en las hierbas, suele imaginarse los condimentos básicos de la cocina, como el romero, el tomillo, la albahaca y la salvia, pero las hierbas son cualquier planta que se considere útil. Por ejemplo, las semillas, las flores, las hojas, las raíces o los tallos de una hierba pueden ser muy valorados por su medicina, tinte, saborizante, fragancia o algún otro beneficio. Ni siquiera tiene que ser por su función, muchos jardineros cultivan hierbas simplemente por su belleza.

Dónde plantar hierbas

Muchas hierbas pueden sobrevivir en el suelo típico de un jardín, si hay suficiente drenaje. Algunas hierbas, como el romero, el laurel y la lavanda, son plantas leñosas de origen mediterráneo y prosperan en suelos muy drenados y arenosos. El drenaje adecuado es especialmente importante, porque las raíces de las plantas originarias del Mediterráneo tienden a pudrirse en suelos húmedos. Esta es una de las razones por las que las camas elevadas son perfectas para cultivar hierbas.

Muchas hierbas florecen a pleno sol, disfrutando de al menos seis horas diarias de luz solar directa. Si el espacio de su jardín no recibe tanto sol, considere las hierbas que no lo requieren tanto. Las opciones ideales son:

      1. Perejil

      2. Shiso

      3. Menta

      4. Cilantro

      5. Cebollines

      6. Estragón

Al igual que otros cultivos, las hierbas pueden sufrir cuando están expuestas a lugares con viento. Cultivar sus hierbas junto a otros edificios, paredes o junto a su casa proporciona el microclima cálido y protector necesario para que prosperen. Además, aumenta las posibilidades de obtener una buena cosecha con plantas perennes frágiles como el romero. No importa si cultiva el romero en un recipiente y lo llevas al interior durante el invierno, sigue siendo recomendable extenderlo en una zona protegida, pero soleada.

Dónde conseguir hierbas para plantar

Algunas hierbas son bastante fáciles de comenzar a partir de semillas, pero otras tardan más en germinar. Compre hierbas de crecimiento lento en un vivero o simplemente divida las plantas existentes si tiene alguna. Algunas hierbas también pueden cultivarse a partir de esquejes.

Cultivo de hierbas a partir de semillas

Antes de plantar cualquier hierba directamente en su cama elevada o en las bandejas de siembra, revise el paquete de semillas, que le ayudará con toda la información importante. Entre las hierbas que pueden cultivarse fácilmente a partir de semillas se encuentran:

1. Borraja
2. Perifollo
3. Eneldo
4. Albahaca
5. Cilantro
6. Perejil
7. Caléndula
8. Salvia

Cultivo de hierbas a partir de la división

Las hierbas perennes pueden dividirse fácilmente. Para ello, desentierre el sistema de raíces de la planta con una horquilla de jardín y separe las raíces con las manos o utilice un cuchillo para cortarlas en tantos trozos como necesite, y luego vuelva a plantarlas en su cama elevada. También puede colocar algunas divisiones en macetas para que se desarrollen en el interior hasta bien entrado el invierno. Si piensa colocar las divisiones en el exterior, el momento ideal para hacerlo es el otoño. Las hierbas se establecen más rápido cuando se dividen y se vuelven a plantar en otoño. Las plantas perennes que se cultivan fácilmente a partir de divisiones son:

1. Levístico
2. Orégano
3. Cebollines
4. Tomillo
5. Monarda
6. Mejorana
7. Cebollino de ajo

Cultivo de hierbas a partir de esquejes

Este método de cultivo de hierbas debe practicarse en verano o primavera, cuando las plantas están sanas, fuertes y crecen con vigor. El estragón y el romero tienen raíces robustas en otoño, lo que los convierte en grandes candidatos para los esquejes. Las opciones ideales para este método de cultivo de hierbas son:

1. Orégano
2. Tomillo
3. Lavanda
4. Salvia
5. Menta

Pasos para cultivar hierbas a partir de esquejes

1. Escoja porciones de tallo que sean tiernas y frescas, no leñosas. También deben tener al menos 3 pulgadas de largo y más de cuatro hojas. Busque un nudo de la hoja que este orientado hacia el exterior y haga un corte justo encima de él con el cuchillo.

2. Ahora arranque las hojas de la parte inferior del tallo y espolvoree la hormona de enraizamiento en polvo por todo el extremo cortado.

3. Prepare una maceta de 4 pulgadas, llenándola de tierra húmeda. Ahora introduzca el tallo a unas dos pulgadas de profundidad en la maceta.

4. Cubra ligeramente los esquejes con una bolsa de plástico, porque deben mantenerse en condiciones de humedad y alejados de la luz solar intensa. Evite regarlos hasta que sea absolutamente necesario, y retire la cubierta si la zona parece demasiado húmeda.

5. Esté atento a los brotes de hojas frescas en las primeras semanas, porque significa que los esquejes están bien enraizados.

6. Es el momento de trasladar las plantas recién germinadas a sus camas elevadas llenas de tierra de siembra normal y saludable. Esta vez, la cama elevada debe colocarse bajo la luz solar directa.

Cultivo de hierbas en macetas y jardineras

Cultivar hierbas en macetas y jardineras tiene muchas ventajas. Permiten cultivar plantas perennes delicadas, como las salvias de flor y el romero, durante todo el año si las llevas al interior durante el otoño.

1. Comience siempre con tierra para macetas de alta calidad. Esta tierra garantiza un buen drenaje. Evite utilizar tierra normal de jardín, porque suele no tener un buen drenaje cuando se coloca en camas elevadas. Al igual que otras plantas en camas elevadas, las hierbas necesitan ser abonadas y regadas con regularidad durante toda la temporada de crecimiento. Las hierbas autóctonas del Mediterráneo, como el romero, toleran bien los suelos parcialmente secos, pero solo durante períodos cortos. Otras hierbas requieren más atención al riego, especialmente las que tienen hojas más anchas. Durante la temporada de crecimiento, cuando estén al aire libre, utilice un abono líquido según las instrucciones del envase. Cuando las lleve al interior durante el invierno, no será necesario fertilizarlas mucho, salvo una o dos veces al mes. Las hierbas pueden prosperar en cualquier suelo

bien drenado y razonablemente fértil, lo que hace que las camas elevadas o los contenedores sean ideales para el cultivo de hierbas.

2. El cultivo de hierbas necesita acceso a una buena iluminación. Si puede construir un camino duro con pavimento reflectante de colores brillantes, sería estupendo. Los paneles de concreto o gravilla se utilizan en los jardines de hierbas para reflejar la luz en las plantas en crecimiento, creando un entorno lo suficientemente cálido en las noches frías.

3. Las hierbas suelen requerir poco fertilizante y producen sin mucha alimentación. La alimentación puede reducir la concentración de sabores.

4. Muchas hierbas requieren un suelo con un pH que va de neutro a alcalino.

5. Los niveles intensos de luz solar directa son cruciales para producir el buen sabor de las hierbas, por lo que estas deben colocarse en la zona más iluminada del jardín.

Increíbles hierbas en camas elevadas

Estas son mis hierbas favoritas para las camas elevadas:

La albahaca: También llamada Ocimum basilicum, esta hierba es un ingrediente importante en muchas recetas, sobre todo en las clásicas mediterráneas y en las ensaladas de verano. La albahaca es la hierba más vendida en toda Gran Bretaña. A pesar de ser originaria de la India, donde se considera sagrada, florece en suelo británico y es perfecta para cualquier cama elevada.

Cómo cultivarla: Esta delicada planta anual no soporta el frío ni las heladas. Solo puede cultivarse al aire libre durante el verano y debe llevarse al interior en los meses más fríos. Debe cultivarse en suelo fértil y estar expuesta a la mayor cantidad de luz y calor posible. Los invernaderos, al igual que los alféizares de las cocinas, son perfectos para mantener la albahaca en buen estado durante mucho tiempo. Hay muchas variedades disponibles, así que experimente con todas las que quiera este verano y disfrute de su sabor en sus platos de pasta y ensaladas caseras.

Cebollín: También llamada Allium schoenoprasum, esta resistente planta perenne es especialmente fácil de cultivar. El cebollín es una gran adición a su jardín de hierbas, ya que es popular por sus hermosas flores de color púrpura. Antiguamente se colgaban en manojos para ahuyentar a los espíritus malignos, pero hoy en día son un ingrediente importante en la cocina. Todas las partes de la planta son comestibles, lo que la hace muy versátil. Sus flores pueden utilizarse para adornar diversas ensaladas, mientras que las hojas y los bulbos pueden dar sabor a muchas comidas. Al tener un ligero sabor a cebolla, el cebollín resulta muy útil para preparar todo tipo de platos de verano, como tortillas, la clásica ensalada de papas y sopas.

Cómo cultivarlo: El cebollín requiere muy poco mantenimiento. Basta con plantarlos en tierra y asegurarse de que se mangan en un lugar soleado donde puedan recibir luz solar directa durante al menos cinco horas.

Menta: También se conoce como menta común, menta verde o Mentha spicata. Es una hierba resistente que puede cultivarse fácilmente en cualquier jardín. Florece en color púrpura claro durante los meses de agosto y septiembre. Al ser una planta perenne, se puede confiar en que la menta adornará su jardín año tras año. Es vigorosa por naturaleza, así que no se sorprenda si invade otras partes de su jardín. Para evitarlo, plántela en una cama elevada sin fondo colocado en el suelo. Su agradable y refrescante sabor a menta verde se utiliza a menudo para condimentar ensaladas y salsas. Las hojas de menta también se secan y se utilizan para preparar infusiones frescas o medicinas domésticas a base de hierbas.

Cómo cultivarla: La menta solo requiere un suelo fértil y húmedo y luz solar directa. Es muy adaptable y puede prosperar en la mayoría de las situaciones, no es propensa al daño por las heladas.

Cilantro: También se llama Coriandrum sativum o perejil chino. Es una planta anual delicada y de corta duración, que solo se cultiva a partir de semillas plantadas a intervalos durante la temporada de crecimiento. Se puede consumir la planta entera, es muy popular en la cultura culinaria y se utiliza típicamente en los platos asiáticos, incluidas las comidas chinas y tailandesas.

Sus hojas y semillas tienen sabores muy marcados. Las semillas saben un poco a limón y pueden machacarse para utilizarlas como especias. Las hojas son más amargas y pueden picarse y usarse para adornar las comidas. Además de sus múltiples usos culinarios, tiene muchos beneficios para la salud y es un ingrediente importante en los remedios herbales en todo el mundo.

Cómo cultivarlo: El cilantro disfruta de un suelo fértil y de una luz solar adecuada. Prefiere la sombra parcial, ya que así se evita que las semillas cuajen prematuramente.

Eneldo: Esta hierba también se llama Anethum graveolens, y es una planta anual resistente, pero de corta duración. Es relativamente fácil de cultivar a partir de semillas en su cama elevada, y puede utilizarse para una variedad de cosas como la cocina y la producción de ciertos cosméticos. Las hojas de eneldo secas o frescas, con su maravillosa fragancia, combinan muy bien con mariscos como el salmón ahumado. También es popular su combinación con sopas y papas.

Cómo cultivarlo: Cultivar en un suelo húmedo donde pueda rodearse de suficiente calor la hierba. Es preferible la sombra parcial para evitar el cuajado prematuro de la semilla.

Hinojo: Esta hierba autóctona del Mediterráneo, también llamada Foeniculum vulgare, será una adición encantadora a su jardín de hierbas. También originaria del Mediterráneo, puede cultivarse a partir de semillas en el Reino Unido. A pesar de ser una planta perenne y resistente, el hinojo suele cultivarse anualmente para mantener su cosecha. Es muy aromático, con un sabor anisado, lo que lo convierte en un ingrediente sorprendente para platos salados y dulces. Sus hojas jóvenes y delicadas pueden utilizarse como guarnición en sopas, ensaladas y con salsa de marisco, así como en pudines y salsas pegajosas, dulces y deliciosas. Toda la planta es comestible, lo que la convierte en una hierba versátil.

Cómo cultivar: Se trata de una hierba especialmente robusta que crece bien en cualquier suelo si se coloca bajo la luz solar directa.

Estragón francés: El estragón francés también se llama Artemisia dracunculus y, a pesar de ser un poco difícil de cultivar, esta hierba es muy apreciada por los aficionados a la cocina, sobre todo a la francesa. Tiene un aroma dulce a anís y un sabor a regaliz. Se considera la mejor de todas las variedades de estragón en la cocina. Es especialmente delicioso cuando se combina con el pollo, pero también se utiliza para condimentar aceites, vinagre y salsa bearnesa.

Cómo cultivar: A pesar de ser perenne, es propensa a pudrirse en suelos demasiado saturados y en regiones húmedas, por lo que hay que tener cuidado de plantarla en suelos parcialmente secos y no regarla en exceso. Cultivar en suelo fértil donde pueda recibir cantidades adecuadas de luz solar y calor para producir brotes en abundancia.

El estragón francés rara vez florece, por lo que la producción de semillas es muy limitada. No se puede cultivar a partir de semillas y se debe cultivar mediante la división de las raíces. Divida las raíces en primavera para mantener su salud, y replante cada dos o tres años.

Perejil: Esta popular hierba, también llamada Petroselinum crispum, es imprescindible en su jardín de hierbas. Es una bienal resistente que se cultiva a partir de semillas cada año en verano y primavera.

Se utiliza para preparar ensaladas de Medio Oriente, el pesto junto con la albahaca, y se emplea en pasteles de pescado y guisos. El perejil rizado es muy decorativo por sus hojas rizadas y se utiliza para adornar muchos platos

Cómo cultivarlo: Para obtener los resultados más productivos, plántela en la tierra fértil de su cama elevada de hortalizas. Riegue regularmente durante los periodos prolongados de sequía. El perejil tolera un poco de sombra, aunque le encanta la luz solar directa. Hay dos tipos de perejil que se cultivan en Europa: El perejil de hoja plana y el perejil rizado. El de hoja plana es más popular, porque tolera mejor el sol y la lluvia, y tiene un sabor más fuerte, según algunos.

Romero: Esta hierba, también conocida como Rosemarinus officinalis, se considera excelente para la salud del cerebro. Los griegos creen que está relacionada con la buena memoria y la función cognitiva. Es una hierba especialmente nutritiva para cultivar en su jardín de hierbas. Al ser un arbusto de hoja perenne, está disponible todo el año y tiene hojas aromáticas con una bonita forma de agujas para adornar su jardín. El romero también se considera una planta decorativa por sus flores blancas, moradas y rosadas. Combine el romero con carnes asadas, como el pollo y el cordero, y utilícelo como aromatizante en los budines de Yorkshire y para relleno.

Cómo cultivarlo: Esta hierba prospera en suelos bien drenados, bajo la luz solar directa. Es resistente a las plagas y tolera los periodos de sequía, pero no durante mucho tiempo.

Salvia: También llamada Salvia officinalis, esta hierba es conocida por su intenso sabor y su gusto ligeramente picante y salado, lo que la convierte en una de las hierbas más cultivadas y utilizadas en Gran Bretaña. Sus formas verdes y matizadas de color blanco y púrpura la convierten en una fuente excepcional de adorno para los jardines de hierbas, sobre todo, porque también puede servir de frontera ornamental. Esta hierba esencial en la cocina se utiliza a menudo en los rellenos y se combina con la carne de cerdo.

La propiedad habitual de esta hierba es el aumento significativo de su sabor a medida que crecen las hojas, por lo que cuanto más grandes sean estas, más sabroso será el plato. Además de ser una buena fuente de vitamina C, es rica en otros minerales como el potasio.

Cómo cultivarla: Este arbusto de hoja perenne estará a su disposición todo el año si se cultiva en zonas bien drenadas y con mucha luz solar.

Cómo secar hierbas

Secado al aire libre

1. Seleccione entre cinco y diez ramas y sujételas con una banda elástica o un cordel. Cuantas menos ramas haya, más rápido se secarán.

2. Coloque el manojo de hierbas en una bolsa de papel con el tallo hacia arriba. Utilice un cordel para cerrar la bolsa, asegurándose de no aplastar ninguna hierba. Ahora haga unos agujeros en la bolsa para que circule el aire.

3. Cuelgue la bolsa por el extremo del tallo en un lugar cálido y bien ventilado.

4. Sus hierbas deberían estar secas y listas para ser almacenadas en una semana.

Secado al horno

1. Extienda las hierbas en una bandeja para galletas con una profundidad de 1 pulgada o menos.

2. Introduzca la bandeja en un horno abierto y déjela secar a fuego lento de dos a cuatro horas.

3. Para comprobar si las hierbas están suficientemente secas, toque las hojas para ver si se desmenuzan fácilmente. Las hierbas secadas en el horno tienden a cocinarse un poco durante el proceso, lo que elimina parte del sabor y la potencia, por lo que es posible que necesite el doble de la cantidad normal cuando las utilice para cocinar.

4. Conserve las hierbas en recipientes herméticos, como armarios de plástico, bolsas Ziplock para el congelador y tarros de conserva. Para obtener un sabor perfecto, no aplaste las hojas hasta que esté preparado para utilizarlas. Además, asegúrese de gastarlas en un año.

Congelado

Algunas hierbas conservan mejor su sabor cuando se congelan. Entre ellas están el eneldo, la albahaca, la melisa, el perifollo, la menta, el cebollín, el romero, el tomillo, el perejil, la hierbaluisa, el estragón francés, la salvia y el orégano.

1. Lave bien las hierbas y deles unos golpecitos o sacúdalas para eliminar el exceso de agua. Si quiere, puede picarlas antes de guardarlas.

2. Introduzca las hojas enteras o picadas en bolsas de congelación y aplástelas para eliminar el aire.

El romero, el tomillo, el eneldo y la salvia se congelan bien en sus tallos, que pueden añadirse a las ollas congeladas y retirarse antes de servir. También puede licuar las hierbas hasta convertirlas en un puré con un poco de agua y congelar la pasta en bolsas de congelación. Cuando vaya a utilizarlas, solo tiene que desprender los trozos congelados y echarlos a la olla.

Mezcle hierbas que sean buenas compañeras de cocina, como el tomillo y la salvia. Métalas en una batidora con un chorrito de aceite de oliva y hágalas puré hasta que se forme una pasta suave. Vierta la mezcla directamente en bolsas de congelación o en bandejas de cubitos de hielo y luego en bolsas de congelación.

Capítulo diez: Cultivo de flores en camas elevadas

La razón más importante para plantar algunas flores en sus camas es atraer a abejas autóctonas y a otros polinizadores. Si las abejas no hacen una parada en su jardín para tomar un rápido bocado de néctar y arrojar algo de polen, estará bastante decepcionado con sus cultivos. Además, cultivar flores aptas para las abejas en su jardín favorece la biodiversidad y las colonias de polinizadores en peligro. Hay muchas flores especialmente diseñadas para atraer colibríes, mariposas y otras especies amantes del néctar.

Antes de comprar las semillas, le ofrecemos algunos consejos importantes que debe tener en cuenta a la hora de elegir las variedades de flores para su jardín en camas elevadas:

- Considere la época de floración: Para tener éxito en la siembra conjunta con flores, debe elegir flores con la misma época de floración que sus cultivos hortícolas. Si las flores que elige no florecen hasta tres semanas después de que los guisantes hayan terminado de florecer, sus guisantes no se beneficiarán de esa compañía. Los paquetes de semillas le darán la información necesaria sobre la flor, incluida su época de floración, para que pueda sincronizar su calendario de plantación. Cultive una variedad de flores con diferentes épocas de floración para asegurarse de que todas o la mayoría de sus hortalizas se beneficien de la experiencia.

- Considere la forma de las flores: Las flores que atraen a las avispas o abejas beneficiosas no son el mismo tipo de flores que atraen a los colibríes. La forma de la flor dificulta o facilita el acceso al néctar y al polen a las distintas especies. Si quiere atraer a los polinizadores, como las abejas, evalúe las flores con forma compuesta, como las margaritas, las echinacea purpurea, las zinnias, los girasoles y los cosmos.

- Distribúyalas: No plante todas las flores en una sola sección del jardín, espárzalas. La forma de hacerlo es su decisión, pero hay muchas maneras. Puede cultivar una hilera de flores justo después de una hilera de verduras, o puede plantar una flor entre dos verduras. Invente sus propias estrategias, como utilizar las flores como borde o para romper una hilera como indicador de dónde acaba una determinada hortaliza y dónde empiezan otras.

- Considere la altura de la flor: No quiere que las flores compitan con sus cultivos por la luz del sol, así que opte por flores de poca altura. Por ejemplo, algunos cultivos, como las espinacas, agradecen un poco de sombra durante los meses más cálidos, así que la altura de las flores depende de su ubicación y de los cultivos de su jardín.

- Empiece con flores sencillas: Si es principiante, le recomiendo que empiece con plantas de temporada, porque son fáciles de cultivar y producen muchas flores. Además, no tendrá que preocuparse de que broten en el mismo sitio el año que viene si pretende cambiar el diseño de su jardín. Una de las formas más eficaces de atraer a las abejas autóctonas es plantar plantas perennes autóctonas, así que plántelas en pequeñas cantidades, usted sabe qué es lo que mejor funcionará en su jardín.

Glosario rápido

1. Perenne: Cualquier planta que florece año tras año. Las hojas suelen caer al suelo en otoño, mueren y vuelven a crecer la temporada siguiente. Algunas plantas perennes duran más que otras, como la rosa peonía, mientras que otras no pasan de unos pocos años.

2. Anual: Cualquier planta con un ciclo de crecimiento de un año. Las anuales suelen ser cultivos resistentes y no les afectan las heladas. Un buen ejemplo es la caléndula.

3. Anual semi-resistente: Cualquier planta anual que sea delicada. Suelen cultivarse en el interior o en zonas cálidas, como los invernaderos, y luego se exponen con precaución a las condiciones de frío en el exterior de vez en cuando, antes de trasplantarse al exterior una vez pasada la amenaza de las heladas. Por ejemplo, caléndulas, cosmos, etc.

4. Bienal: Cualquier planta con un ciclo de crecimiento de dos años. Las semillas de las bienales suelen sembrarse cerca del mes de abril del primer año. Las hojas maduran el mismo año y florecen al año siguiente. Algunos ejemplos son los alhelíes, las dedeleras, etc.

Las 20 mejores flores para las camas elevadas

- **Amapola azul del Himalaya:** Se trata de una planta perenne con un precioso color azul cielo. Es un cultivo semi-resistente que disfruta de poca humedad. Retire los botones florales el primer año para evitar que florezcan, de lo contrario, pueden volverse reacias a florecer de nuevo.

- **Amapolas anuales:** Son relativamente fáciles de plantar a partir de semillas. Producen muchas semillas a finales del verano y principios del otoño. Las semillas pueden cosecharse y guardarse en un lugar fresco y seco, como una bolsa de papel, hasta la próxima temporada, cuando pueden esparcirse para que broten nuevas plantas.

- **Aubrieta:** Esta planta perenne se considera una planta cubresuelos, lo que la hace adecuada para las camas elevadas y las paredes. A veces puede brotar de grietas en la pared y el pavimento, extendiéndose a varios metros de distancia de su origen. Se puede encontrar en colores rosa, rosa, lila y púrpura. Esta flor puede durar hasta diez años o más.

- **Valeriana roja:** Esta flor está disponible en colores blanco, rojo y rosa. Es común encontrarla creciendo en la naturaleza, en ruinas y en viejos muros y puentes. Puede extenderse por todo el jardín y convertirse en una mala hierba si se deja fuera de control. Es una planta muy resistente y puede soportar temperaturas extremadamente frías.

- **Delphinium:** Estas plantas perennes son altas y tienen espigas. Tienen variaciones de color azul cielo, violeta y blanco. Soportan las bajas temperaturas sin que sus raíces sufran ningún tipo de daño, pero hay que clavarles una estaca para evitar que se aplasten o sean arrastradas por los fuertes vientos. Como plantas perennes, pueden durar hasta veinte años. También producen semillas que se pueden almacenar y plantar fácilmente al año siguiente.

- **Geranios:** Son lo mismo que los pelargonios, que también se llaman geranios. Estas herbáceas perennes vienen en una variedad de hermosos colores. Son capaces de auto-sembrarse y extenderse por todo el jardín si no se controlan.

- **Scabiosa:** Es una planta perenne que tiene variedades de color crema, azul lavanda y lila. Requieren poca atención, pero hay que quitar las cabezas muertas para que se formen nuevos brotes. Tiene una relativa tolerancia a las bajas temperaturas.

- **Lino perenne:** También llamada lino azul, esta planta tiene hermosas flores de color azul cielo que adornan tallos delgados y tiernos. Sus flores duran solo un día, pero son reemplazadas constantemente por otras nuevas. Es una de las plantas perennes de corta duración

- **Margaritas de Livingstone:** También llamadas mesembryanthemum, estas flores son del tipo de bajo crecimiento. También son anuales y bastante fáciles de plantar a partir de semillas. Cuando florecen, las flores tienen varios pétalos de diversos colores. Los pétalos se abren durante el día y se cierran por la noche.

- **Campanilla:** También llamada Campanula, esta planta cubresuelo es una planta perenne de bajo crecimiento con flores lilas en forma de pequeña campana. Crece rápidamente y se extiende por las rocas y los muros.

- **Cistáseas:** Son subarbustos que crecen rápidamente y son estupendos para los bordes. Prosperan con luz solar directa y suelo bien drenado.

- **Jacobaea marítima:** Esta bienal también se llama molinero polvoriento. Es un nativo mediterráneo popular por sus hojas ornamentales de color plateado. Es relativamente resistente y puede sobrevivir a las temperaturas cálidas con pocos daños por quemaduras. Al ser una bienal, las semillas se suelen plantar en abril en bandejas y se trasplantan a camas elevadas o macetas una vez que brotan sus primeros pares de hojas. Como todas las bienales, florece en el verano del año siguiente. También es tóxica y debe mantenerse fuera del alcance del ganado y los niños.

- **Dedelera:** Estas son bienales al igual que la Jacobaea marítima, por lo que el proceso de plantación es el mismo. Siembre las semillas en abril, trasplántalas en otoño y observe cómo florecen en el verano del año siguiente. La normativa medioambiental de algunas regiones prohíbe desenterrar las plantas silvestres y replantarlas en el jardín. Sin embargo, esta bienal es bastante fácil de cultivar a partir de semillas. Son plantas relativamente altas con espigas y flores moradas en forma de campanas.

- **Amapolas orientales:** Son relativamente fáciles de cultivar a partir de semillas. Suelen sembrarse en primavera y germinar cerca de un depósito de agua caliente o en una habitación cálida a 17 °C. Esparza la semilla en una bandeja con capas de compost y espolvoree un poco de compost adicional en la parte superior para sembrar. Hay que trasplantarlas a camas elevadas o a macetas una vez que hayan crecido lo suficiente.

- **Matricaria:** Esta hierba perenne está adornada con flores blancas parecidas a las margaritas. Se auto-siembra fácilmente y se extenderá por todo su jardín si no la mantiene bajo control. A algunas personas no les gustan mucho las flores blancas, pero un toque de blanco aquí y allá puede equilibrar los colores llamativos de su jardín. Esta planta es popular por su rápida acción sobre las migrañas si las hojas se infunden en agua caliente para hacer un té de hierbas o se mastican crudas, aunque no lo recomiendo, porque es AMARGO.

- **Orégano:** Esta hierba perenne es conocida por sus sutiles, pero hermosas flores. Sus tallos se adornan con pequeñas flores de color rosa pálido cuando florece durante todo el verano. Es un arbusto resistente capaz de colonizar su jardín si se lo permite. También es una de las favoritas de las abejas, las mariposas, ¡y los chefs!

- **Margarita de maceta:** También se llaman caléndulas. Son plantas anuales resistentes bastante fáciles de cultivar a partir de semillas. Se auto-siembran fácilmente y están disponibles en variedades amarillas y naranjas.

- **Jacintos:** Las flores no suelen tener otra opción que alegrar el jardín en primavera, pero los jacintos llegan tarde a la fiesta con sus salpicaduras de color a finales de primavera y principios de verano. Se cultivan a partir de bulbos y suelen sembrarse en otoño para que florezcan en marzo y abril. Son resistentes por naturaleza, pero se pueden acondicionar para que sean delicados si se cultivan en macetas. Cuando compre bulbos de jacinto, adquiera los que lleven la etiqueta "preparado". Esta variedad necesita ser forzada y debe sembrarse a finales de septiembre en un lugar fresco con una temperatura de unos 50 grados Fahrenheit durante unas ocho ó diez semanas. Entonces estarán listos para ser colocados en camas elevadas de interior para que florezcan en aproximadamente tres semanas. Los jacintos vienen en variedades de color blanco, púrpura y varios tonos de azul.

- **Silene dioica:** Esta planta perenne es silvestre y de una belleza impresionante. Está disponible en variedades de color rosa y rojo y, al igual que muchas flores silvestres, la campanilla roja no es tan extravagante como las llamativas plantas de cama que se utilizan popularmente en las jardineras. Cuando se combina con otras plantas silvestres para formar un borde, el resultado es más natural y sutil. Las semillas individuales suelen estar disponibles para su compra, pero si no es así, pregunte a su proveedor de semillas si pueden añadirse a un paquete de diferentes semillas de flores silvestres.

Capítulo once: Preparar las camas para el próximo año

Por fin ha llegado el otoño y, como era de esperar, trae consigo la inevitable ralentización de la actividad en todos los jardines. En función de su ubicación, las plantas perennes pueden haber empezado a adquirir hermosos colores y a desprenderse de sus hojas.

Las verduras de temporada están llegando al final de su vida útil y empiezan a ceder ante las heladas cada vez más fuertes. Tras el ajetreo de la siembra primaveral y el apogeo de la cosecha estival, resulta tentador correr la cortina, sentarse y dejar que la naturaleza haga lo suyo. Ya hizo el trabajo pesado en primavera y cosechó los beneficios en verano. ¿Qué más hay que hacer ahora que ha llegado el otoño?

La respuesta a esta pregunta depende de la facilidad con la que quiera pasar a la primavera cuando esta llegue. Unas cuantas medidas cautelosas ejecutadas esta temporada le ahorrarán mucho tiempo y esfuerzo a largo plazo. Si prefiere reducir el trabajo que conlleva el inicio de la temporada de cultivo del próximo año, tenga en cuenta algunas de estas sugerencias. Veamos los pasos para llevar a dormir a su jardín:

1. Recoja y elimine las plantas acabadas y en descomposición: Además del aspecto poco atractivo que añaden a su jardín, las plantas viejas pueden albergar hongos, enfermedades y plagas. Como señala la Extensión Cooperativa de la Universidad Estatal de Colorado, las plagas e insectos no deseados que se alimentan de sus plantas durante el verano pueden depositar huevos en sus hojas y tallos. Deshacerse de las plantas gastadas de la superficie del suelo evita que las plagas se adelanten a la llegada de la primavera. También puede enterrarlas en las zanjas del jardín si están libres de enfermedades, ya que esto mejora la salud del suelo al aportar materia orgánica a la tierra.

2. Deshágase de las malas hierbas invasoras que puedan haberse extendido durante la temporada de cultivo: ¿Recuerda la zarzamora del Himalaya? ¿O la enredadera que se apoderó de su parcela de frambuesas? Ha llegado el momento de deshacerse de esos renegados. Sáquelas del suelo con sus raíces y tírelas o quémalas. Muchas malas hierbas invasoras permanecen activas en los montones de malas hierbas o en los montones de compost, así que no ceda al impulso de trasladarlas a otra sección de su jardín. Deshacerse de las plantas invasoras es la única manera de evitar que vuelvan a crecer y a molestar cuando vuelva la primavera.

3. Hay que preparar el suelo para la primavera: Aunque muchos jardineros prefieren llevar a cabo esta actividad cuando llega la primavera, el otoño es un buen momento para preparar el suelo añadiendo estiércol, harina de huesos, fosfato de roca, compost y algas. En la mayoría de las regiones, el clima permite que estas nuevas adiciones se descompongan, enriquezcan el suelo y se vuelvan biológicamente activas. También significa que no será necesario esperar a que su jardín esté lo suficientemente seco en primavera para trabajar en él por primera vez.

Remover, cavar y enmendar el suelo ahora le da algo de tiempo libre cuando llegue la temporada, porque ya habrá hecho la mayor parte del trabajo. Además, arar en otoño ayuda a potenciar el drenaje del suelo antes de que el clima intenso sea una realidad. Una vez que haya hecho todas las enmiendas necesarias según las necesidades de su suelo en otoño, cubra la cama con láminas de plástico o cualquier otra cubierta segura para evitar que las lluvias de invierno hundan los nutrientes recién añadidos por debajo de la zona de raíces activas. Esto se aplica a todos los tipos de jardines, pero especialmente a las camas elevadas, ya que drenan mejor que las camas de tierra. Retire las láminas a principios de la primavera y utiliza una azada para labrar ligeramente antes de plantar.

4. Considere la posibilidad de plantar cultivos de cobertura: En muchos climas, el principio del otoño o el final del verano es un buen momento para plantar cultivos de cobertura como el trébol, el centeno o la algarroba. Estos cultivos ayudan a proteger el suelo de la erosión, aumentan los niveles de materia orgánica y rompen las zonas muy compactas. Los cultivos de cobertura también contribuyen al contenido de nutrientes del suelo. La plantación de leguminosas, como los guisantes o el trébol, en las camas elevadas ayuda a mejorar los niveles de nitrógeno del suelo, un aspecto importante de la horticultura. Se recomienda plantar los cultivos de cobertura alrededor de un mes o más antes de que se produzcan las primeras heladas mortales, pero algunos cultivos de cobertura son más fuertes que otros, así que consulte con su proveedor de semillas o con el agente de extensión local para conocer los mejores cultivos de cobertura para su región.

5. Pode sus plantas perennes: El otoño es un buen momento para podar los cultivos perennes del jardín, aunque debe ser cauto a la hora de elegir los que vas a podar. Por ejemplo, al hinojo le gusta ser podado en otoño. Las investigaciones han demostrado que las ramas de frambuesa muertas siguen alimentando la copa de la planta hasta bien entrado el invierno. A los arándanos también les gusta ser podados en primavera, ya que les ayuda a protegerse del estrés y las enfermedades. Dirija sus esfuerzos de poda otoñal a hierbas como el tomillo, la salvia y el romero, y a verduras como el ruibarbo y los espárragos. A las moras también les gusta que las limpien bien en

otoño. Deshágase de las ramas cruzadas o gastadas para ayudar a controlar la agresiva propagación de la planta.

6. Considere la posibilidad de dividir y plantar bulbos: A pesar de la floración y la muerte de los bulbos de primavera, otros bulbos en flor, como los lirios, florecen en otoño. Espere hasta tres o cuatro semanas después de la floración para desenterrar y dividir las plantas amontonadas o desgarradas durante esta temporada. Levante los bulbos con cuidado y divida los bulbillos para trasplantarlos inmediatamente a otra sección del jardín. Si desenterró sus bulbos de primavera antes de que llegara el otoño, ahora es un buen momento para volver a plantarlos. Los azafranes, narcisos y tulipanes deberían estar listos para volver a la tierra para otro glorioso despliegue la próxima temporada.

7. Aproveche su pila de compost: Ahora que el calor del verano ha terminado y los microbios de la naturaleza se preparan para su siesta invernal, es tentador ignorar la pila de compost, pero le diré las dos formas en que esto puede ser una oportunidad perdida. En primer lugar, los materiales que se han dejado descomponer durante el verano están hechos y listos para ser utilizados. Este rico material debe colocarse en capas en las camas del jardín para arreglar la tierra deficiente, fertilizar el césped si lo hay o, en general, rellenar la cama del jardín. Esto nutrirá sus plantas y les dará un empujón a su crecimiento cuando llegue la primavera. En segundo lugar, la limpieza de su pila de compost dará paso a un nuevo lote, que puede estar aislado contra las heladas, lo que significa que los microbios pueden ponerse a trabajar incluso en invierno. Amontone muchas hojas de otoño, virutas o paja, y ponles una capa de restos de la cocina y cualquier otra materia verde activa que tenga a mano, para que los microbios sigan trabajando durante más tiempo en su pila de compost fresco.

8. Reponga la cubierta orgánica: Cubrir con un mantillo en invierno tiene muchos beneficios similares a los del abonado en verano. Entre ellos se encuentran la reducción significativa de la pérdida de agua, la protección contra la erosión y la prevención de las malas hierbas. La cubierta orgánica en invierno tiene más beneficios, porque a medida que el suelo pasa a temperaturas más frías, la congelación y el deshielo del suelo pueden tener efectos adversos en los cultivos, cuyas raíces tienen que pasar por toda la agitación y el agitado asociados a la transición. Cubrir el suelo con un mantillo ayuda a regular la temperatura y la humedad, lo que facilita estos efectos. Colocar una capa gruesa de mantillo alrededor de los cultivos de raíces que se han dejado en las camas elevadas esta temporada puede actuar como un amortiguador contra las heladas mortales y prolongar la vida de sus cultivos. Además, el mantillo se descompone y añade materia orgánica fresca al suelo.

9. Evalúe su temporada de cultivo y revise las variedades: ¿Su selección de frutas y hortalizas se ha comportado tan bien como esperaba esta temporada? Ahora es el momento de reconsiderar los cultivos de bajo rendimiento. Tiene que hacer un balance y descubrir si hay plantas que deben ser sustituidas y si hay mejores variedades disponibles para su ubicación. Si sus cultivos han ido tan bien como esperaba, le sugiero que amplíe la cosecha añadiendo variedades que maduren más tarde o más temprano en la temporada. Al hacer balance del rendimiento de las hortalizas, tome notas cautelosas sobre lo que ha funcionado y lo que no para prepararse para la próxima temporada. Algunos fracasos y éxitos de la temporada pueden deberse al clima, pero hay otros factores que pueden controlarse, como los niveles de humedad, la orientación de las plantas y la fertilidad del suelo. Guarde un registro de las lecciones que ha aprendido esta temporada, los altibajos del verano, ya que le servirán de referencia para la próxima temporada de siembra.

10. Cuide sus herramientas: Cuidar las herramientas se da por hecho en jardinería, y la mayoría de los jardineros lo saben. Esta tarea crucial puede parecer abrumadora cuando vuelve la temporada agrícola y hay mucho que hacer. El otoño es el momento perfecto para mostrar a sus herramientas algo de amor y cariño. Empiece por lavarlas para eliminar la suciedad y los residuos. Si una herramienta está oxidada, límela con un cepillo de alambre o con papel de lija. Utilice una lima de molino básica para afilar palas y azadas. Utilice una piedra de afilar para afilar las tijeras de podar y otras herramientas con hoja. Por último, limpie todas las herramientas con un trapo ligeramente recubierto de aceite de máquina. Esto ayuda a proteger el metal del oxígeno y a prolongar la vida útil de sus herramientas para la próxima temporada.

La importancia de la previsión

Independiente del lugar en el que viva, siempre habrá pasos que seguir para preparar la próxima temporada de cultivo, como se ha indicado anteriormente. Si adopta estas medidas, no solo se asegurará de que la transición a la siguiente temporada agrícola sea fluida, sino que también aumentará sus cosechas a largo plazo.

Preparación de una nueva cama elevada

Si tiene previsto adquirir nuevas camas elevadas la próxima temporada, lo mejor es prepararlas el otoño anterior. A medida que descubrimos más información sobre la salud del suelo, especialmente los microbios de importancia económica que viven en él, nos damos cuenta de la importancia de tener una ventaja en ciertos procesos antes de que las plantas estén listas para ser cultivadas. De este modo, se asientan y establecen más rápido de lo habitual, y permanecen saludables mientras se mantienen esas condiciones. Enmendar y arar el suelo mucho antes de cualquier plantación permite que el suelo cobre vida durante la temporada de invierno. A algunos jardineros les gusta llamar a este proceso "construcción de un perfil de suelo vivo", y necesita algo de tiempo para activarse. Este proceso puede realizarse con facilidad y conlleva unos sencillos pasos.

En primer lugar, seleccione un lugar para su nueva cama y márquelo con una barrera. Una vez hecho esto, utilice una pala o un motocultor para remover la tierra. Ahora vierta el compost. Si tiene animales domésticos, sus excrementos pueden servir de abono, pero cualquier abono bueno será suficiente. Algunas personas hacen el suyo, otras lo compran. Si quiere seguir ese camino, siempre que no esté esterilizado, podrá hacerlo.

Otra gran fuente de abono es el montón de hojas que se desprenden en esta época del año. Si tiene un cortacésped con bolsa, triture las hojas antes de utilizarlas. Si no es así, échalas directamente en la cama, estén frescas o no, porque estarán descompuestas cuando llegue la temporada de cultivo. Esos importantes microbios de los que hablamos se pondrán a trabajar en ellas.

No organice su abono. Amontónelo hasta 4 o 6 pulgadas, especialmente si está libre. Empiece por colocar en capas la superficie de la tierra y luego trabájelo en el suelo con un motocultor o una pala. Una vez hecho esto, tome un rastrillo de mano y nivele la cama de jardín.

Lo siguiente que hay que hacer es absolutamente nada. Simplemente siéntese y deje que la naturaleza tome el mando. Lo que ocurrirá a continuación es que esos importantes microbios cobrarán vida y crecerán dentro de su suelo. Para dar un empujón al proceso y mejorar las cosas, puede añadir un baño microbiano. Están repletos de una gran cantidad de microbios, y todo lo que tiene que hacer es regarlos en su tierra abonada. Empezarán a comer el compost, descomponiéndolo en el proceso y convirtiéndolo en nutrientes que serán consumidos por sus plantas cuando llegue la primavera.

La otra parte sorprendente de montar una cama es que las tareas del jardín suelen ser mínimas durante el otoño. Esto le da tiempo de sobra para hacerlo bien sin tener que preocuparse por el riego, el abono o las malas hierbas de otras camas. La clave de un jardín sano y productivo es una base sólida, y esa base es cama de jardín. Tome las medidas preparatorias adecuadas y su jardinería será mucho más fácil y productiva.

Capítulo doce: La importancia de registrar su progreso

Llevar un registro de los progresos y de lo que ocurre en el huerto es algo que la mayoría de los jardineros empiezan con entusiasmo, pero que acaban dejando de lado. Cuando los cultivos empiezan a crecer y se empiezan a recoger las cosechas, es fácil olvidarse de tomar notas. La utilidad de la información y las fotos tomadas durante la temporada de cultivo está muy infravalorada. Con un diario, puede mirar las cosas en retrospectiva, viendo los problemas que tuvo y el momento en que ocurrieron, las plantas que florecieron y las que no.

A continuación, voy a esbozar un método sencillo para llevar la cuenta de las cosas que ha plantado y dónde las ha plantado. No necesariamente se responderán todas sus preguntas, pero le dará una ventaja. Empecemos con los materiales que necesitará para empezar su diario de jardín:

1. Carpeta de tres anillos: Cualquier carpeta será suficiente, pero si tiene intención de llevar el diario al jardín de vez en cuando, una carpeta de vinilo es una opción perfecta. Consiga una carpeta que se cierre con cremallera, para que sea fácil meter las cosas en ella incluso cuando tenga prisa y no tenga que preocuparse de que se salgan.

También puede conseguir una con una cubierta que le permita deslizar una foto de su contenedor, planta o cama elevada favorita.

2. Fundas de plástico para fotos: Las láminas de plástico son relativamente baratas y se venden en las tiendas de manualidades con descuento. También hay fundas del tamaño de las tarjetas de béisbol que se venden a granel, pero son demasiado pequeñas para algunos paquetes de semillas, así que consígalas en varios tamaños para paquetes de semillas, fotos y etiquetas.

3. Páginas en blanco: Coloque páginas en blanco en la parte posterior de su diario para tomar notas adicionales. Si por alguna razón toma notas en otro lugar, siempre puede deslizarlas en una funda.

4. Marcadores permanentes: Necesitará al menos uno de ellos para las notas más largas.

5. Paquetes de semillas y etiquetas para plantas: Guárdelos a medida que vaya plantando.

6. Calendario: Le permitirá llevar un control de los días de plantación y de cualquier otro evento significativo para su huerto.

7. Fotos de su jardín: Asegúrese de tomar fotos de lo bueno y lo malo. La mayoría de las veces no pensamos en hacer fotos de los daños causados por los insectos y las enfermedades, pero son tan importantes como las flores que florecen.

Cómo empezar el diario del jardín

Una vez que haya reunido todos los materiales del diario, ahora debe meter las cosas en las fundas de plástico. Conserve todos los paquetes de semillas y las etiquetas de las plantas introduciéndolos en los bolsillos de las fundas. Para mayor comodidad, guarde la información sobre cada parterre o sección del jardín en una funda separada para que sea más fácil encontrar la información sobre sus plantas en función de su ubicación.

Ahora que tiene toda esa información en un solo lugar, lo siguiente es tomar notas. Los paquetes y las etiquetas le proporcionan información sobre sus plantas al instante. Las dos caras de una funda son transparentes, por lo que podrá obtener fácilmente la identificación de las plantas y las notas sobre su desarrollo.

Sus rotuladores permanentes le ayudarán a hacer más anotaciones. Puede empezar marcando la cama o la zona del huerto directamente en la funda de plástico con distintos colores. También puede tomar notas de todos los detalles, como cuándo floreció una planta por primera vez, la cosecha que obtuvo, el día en que plantó un cultivo y dónde lo compró.

Todo lo que necesita para empezar es un rotulador de punta fina. Si lo desea, puede ser más creativo con pegatinas, brillantina, rotuladores y otros artículos de la tienda de manualidades. Si tiene un calendario, le servirá como referencia práctica para todas las fechas significativas, como el día en que se plantaron, se podaron y se cosecharon los cultivos, incluso cuando florecieron o se marchitaron.

Cómo hacer fotos para el diario

Tomar fotos para documentar no solo es una manera increíble de seguir el progreso de su jardín, sino que también actúa como un disparador para su memoria años o incluso meses después de haber comenzado a llevar registros.

A medida que su jardín avanza y sus plantas van brotando, tome e imprima fotos de sus escenas favoritas y de las grandes combinaciones. Tome fotos del mismo lugar a distintas horas, en días diferentes, para observar la progresión. Tome fotos de las camas elevadas o de los contenedores que le gustaría duplicar. Pruebe utilizar el truco de la foto en blanco y negro, en el que observas las fotos sin la distracción del color. Las fotos también son una buena manera de tomar notas sobre los cultivos que necesitan ser movidos o divididos y los colores que son llamativos o son demasiado apagados.

Además, asegúrese de tomar fotos de los cultivos enfermos y de las infestaciones de plagas para hacer un seguimiento del problema. Procure también tomar fotos de cualquier zona con problemas, sean los que sean, para estudiarlos y corregir el problema durante la temporada baja. No se preocupe, nadie más tiene que verlas.

Cómo utilizar el diario del jardín

Ahora que tiene todos los consejos necesarios, es el momento de ponerlos en práctica. Lo normal es que tenga que llevar el diario al jardín para tomar notas rápidas, pero tener todas las fotos, las etiquetas de las plantas y los paquetes de semillas le permitirá repasar su jardín desde la comodidad de su estudio o dormitorio y escribir todas las notas y recordatorios importantes.

Sugerencias específicas de seguimiento

1. El cultivo que plantó y dónde lo plantó.

2. Cuándo empezó a plantar las semillas.

3. Secciones del jardín que necesitan ser trabajadas.

4. Cuestiones que hay que observar de cerca.

5. Cultivos que hay que mover o dividir.

6. Zonas de su jardín con exceso de vegetación.

7. Cultivos que requieren atención en primavera.

8. Dónde se plantaron los cultivos para preparar la rotación de cultivos y mucho más.

Con el paso del tiempo, descubrirá muchos otros usos para su diario de jardinería, y agradecerá tener uno cuando llegue el momento de comprar más semillas o plantas para preparar la siguiente temporada. Y si alguna vez se muda, le resultará fácil compilar una lista de plantas con la información necesaria para el siguiente propietario, suponiendo que su cama elevada esté preparada y los nuevos dueños se dediquen a la jardinería.

Si mantiene un jardín ornamental, tomar notas es igualmente útil, sobre todo cuando prueba nuevas plantas cada temporada. Si prefiere ocuparse de las mismas plantas cada temporada, le sugiero un diario permanente. Es similar al diario normal, porque seguirá guardando las etiquetas de las plantas y los paquetes de semillas en fundas, pero también puede llevar un registro continuo del progreso de su jardín cada año. Hágalo y verá cómo su diario evoluciona para adaptarse a su estilo de jardinería.

Conclusión

Las camas elevadas existen desde hace más tiempo que la propia palabra. Dado que son simplemente jardines en los que la tierra está elevada del suelo, otras ventajas, además de la estética, pueden no ser obvias para mucha gente, bueno, excepto para las personas con mala espalda que ven la conveniencia a primera vista.

No necesita una cama elevada para cultivar frutas, verduras y hierbas de gran sabor, porque casi cualquier cama de tierra con la máxima luz solar puede hacerlo. Sin embargo, la jardinería en cama elevada destaca por sus numerosas ventajas que ahora conoce. Por un lado, es incomparablemente más fácil para la espalda, ya que implica agacharse menos.

Las camas elevadas son su oportunidad de empezar de nuevo con un suelo sin contaminar y enriquecido. Supongamos que vive en una propiedad con pendiente, no se preocupe, porque las camas elevadas ofrecen zonas de plantación niveladas y cómodas. Además, se calientan más rápido que las camas de tierra en primavera, por lo que le dan ventaja cuando llega la temporada de cultivo.

Las numerosas ventajas no le servirán de mucho si descuida su suelo, y ese es uno de los errores más comunes que cometen los jardineros principiantes. Cuando su suelo está sano y repleto de nutrientes y materia orgánica, sus cultivos serán más robustos y prácticamente se cuidarán solos. Con las camas elevadas, tendrá que regar y desmalezar menos y preocuparse menos de las plagas y los ataques de insectos. Con las camas elevadas, usted está al mando.

Este libro ha proporcionado consejos prácticos sobre el tipo de mantillo y materiales de armazón que se deben utilizar, las diferentes formas de potenciar la fertilidad del suelo, la selección de semillas y un montón de opciones entre las que elegir, incluyendo las diferentes opciones de riego, las tácticas de prevención de plagas y mucho más. Tiene todo lo que necesita saber para empezar a cultivar un jardín en una cama elevada. Es la mezcla perfecta de comodidad y productividad, ¡y sé que se divertirá tanto con la jardinería como esperaba!

Vea más libros escritos por Dion Rosser